本书由 2023 年度湖北省社科基金一般项目（后期资助项目）资助出版

国家公园治理中的央地权力配置

Power Allocation between Central and
Local Authorities on National Park Governance

刘彤彤 ◎ 著

中国社会科学出版社

图书在版编目（CIP）数据

国家公园治理中的央地权力配置／刘彤彤著.
北京：中国社会科学出版社，2025.4. -- ISBN 978-7
-5227-4801-6
Ⅰ.S759.992
中国国家版本馆 CIP 数据核字第 202542Z7V8 号

出 版 人	赵剑英	
责任编辑	梁剑琴	
责任校对	季　静	
责任印制	郝美娜	
出　　版	中国社会科学出版社	
社　　址	北京鼓楼西大街甲 158 号	
邮　　编	100720	
网　　址	http：//www.csspw.cn	
发 行 部	010-84083685	
门 市 部	010-84029450	
经　　销	新华书店及其他书店	
印刷装订	北京君升印刷有限公司	
版　　次	2025 年 4 月第 1 版	
印　　次	2025 年 4 月第 1 次印刷	
开　　本	710×1000　1/16	
印　　张	13.5	
插　　页	2	
字　　数	229 千字	
定　　价	78.00 元	

凡购买中国社会科学出版社图书，如有质量问题请与本社营销中心联系调换
电话：010-84083683
版权所有　侵权必究

序

在生态文明建设迈入体系化、法治化发展的新时代，刘彤彤博士的专著《国家公园治理中的央地权力配置》付梓问世。这部凝聚作者七年学术探索的力作，既是其博士学位论文的深化拓展，更是对我国国家公园法治建设的前沿回应。作为导师，我欣喜见证这部兼具理论深度与实践价值的学术成果破茧成蝶。

国家公园体制建设作为生态文明制度创新的重要载体，承载着统筹生态保护与绿色发展、协调中央统筹与地方治理的双重使命。自2013年党的十八届三中全会首倡建立国家公园体制以来，我国通过三江源等十大试点区的实践探索，逐步构建起具有中国特色的自然保护地体系。2020年首批国家公园的正式设立，标志着我国生态文明体制改革进入新阶段。然而，如何破解"九龙治水"的管理困局，如何构建权责清晰的央地协同机制，仍是亟待法治回应的重大命题。本书正是立足这一时代课题，以行政法治视角切入，系统构建国家公园治理的央地权力配置范式。

本书的学术创新体现在三个维度：其一，建构了"事理—法理"双向互动的分析框架。作者突破传统环境法学研究范式，创造性运用公共用公物理论，将国家公园的科学属性转化为法律治理的规范逻辑，实现生态规律与法治原则的有机统一。其二，形成了全过程动态平衡的配置方案。通过立法权、事权、财权、人事权的四维解构，构建起涵盖设立规划、保护管理、监督追责的全周期治理体系，既强化中央在战略规划、标准制定、监督考核等方面的主导权，又保障地方在社区协调、特许经营、生态补偿等领域的实施空间。其三，探索了政策法律化的转化路径。基于对国家公园立法草案的深度解析，提出"中央立法定基调+地方立法强实施"的协同模式，为《国家公园法》的制定提供了具有操作性的制度设计建议。

特别值得称道的是，本书始终秉持"把论文写在祖国大地上"的学术情怀。作者不仅系统梳理了我国十年来国家公园体制改革的政策脉络，更深入武夷山、神农架等试点区开展实证调研，采集了大量鲜活的治理样本。这种扎根中国治理实践的研究取向，使得理论建构既具有学术解释力，又富有现实针对性。书中关于生态保护与社区发展权平衡的论述，关于纵向财政事权划分的理论模型，均展现出作者敏锐的问题意识与扎实的研究功力。

作为刘彤彤博士期间的导师，我清晰记得2018年她初入师门时的学术热忱。在参与教育部人文社会科学研究专项任务课题"建立以国家公园为主体的自然保护地体系的路径选择和法治保障"的研究过程中，她展现出超越同龄人的理论洞察力，率先提出以央地关系为切入点破解国家公园治理难题的研究构想。更难能可贵的是，在博士毕业后她仍持续追踪国家公园法治实践动态，并将之更新到书中。这种持之以恒的学术追求正是青年学者最宝贵的品质。

本书的出版恰逢我国国家公园立法进程的关键节点，其理论价值与实践意义不言而喻，期待这部著作能引发学界对自然保护地法治建设的深层思考。同时，我期待刘彤彤博士以此为新起点，始终保有"望尽天涯路"的学术抱负、"衣带渐宽终不悔"的研究韧劲、"灯火阑珊处"的豁达境界，在生态文明法治研究领域持续深耕，为美丽中国建设贡献更多智慧成果。

是为序。

秦天宝
武汉大学法学院院长
武汉大学环境法研究所所长
乙巳年春于珞珈山麓

目 录

绪 论 ·· (1)
 一 研究背景与研究意义 ·· (1)
 二 研究综述及评述 ··· (7)
 三 研究思路与研究方法 ·· (16)

第一章 国家公园治理央地权力配置的背景阐释 ···················· (20)
 第一节 国家公园治理的基本内涵 ·· (20)
  一 国家公园治理的政策设计 ·· (20)
  二 国家公园的法律定位 ·· (23)
  三 国家公园治理的现实样态 ·· (25)
 第二节 央地权力配置的主要内容 ·· (31)
  一 央地权力配置的理论支撑 ·· (32)
  二 央地权力配置的一般原则 ·· (36)
  三 央地权力配置的应然类型 ·· (39)
  四 央地权力配置的实践偏离 ·· (45)
 第三节 国家公园治理与央地权力配置的研究前提 ··················· (48)
  一 顺应生态文明体制改革的实践需求 ································ (49)
  二 具备理论研究和实践探索的双重基础 ···························· (51)
  三 以生态保护法治建设推动领域革新 ································ (53)

第二章 国家公园治理央地权力配置的正当性基础 ·················· (56)
 第一节 国家公园治理权力配置的理论渊源——公共
    用公物权 ··· (56)
  一 所有权赋予权力配置的合法资格 ··································· (56)
  二 使用权指明权力配置的最终目标 ··································· (61)

三　管理权框定权力配置的主要面向 …………………………（66）
　第二节　国家公园治理央地权力配置的规范依据 …………………（72）
　　　一　公私法层面中的自然资源国家所有 ……………………（72）
　　　二　涉及央地权力配置的法律与政策规定 …………………（79）
　　　三　自然资源管理体制的现行框架 …………………………（92）
　第三节　国家公园治理央地权力配置的划分维度 …………………（97）
　　　一　权力上收与下放地方是形式外观 ………………………（98）
　　　二　国家权力与公民权利是实质内容 ………………………（101）
　　　三　环境权与经济发展权是价值取向 ………………………（103）

第三章　国家公园治理央地权力配置的困局及解构 ……………（107）
　第一节　国家公园治理央地权力配置的现状 ………………………（107）
　　　一　央地共享国家公园立法权 ………………………………（107）
　　　二　地方主导国家公园人事权 ………………………………（109）
　　　三　央地事权划分尚处于探索阶段 …………………………（110）
　　　四　多数地方实际掌握国家公园财权 ………………………（111）
　第二节　国家公园治理央地权力配置的实践缺陷 …………………（113）
　　　一　地方立法权与政策目标相偏离 …………………………（113）
　　　二　央地人事权占比不合理 …………………………………（114）
　　　三　央地事权财权划分不清晰 ………………………………（115）
　　　四　央地事权财权不匹配 ……………………………………（118）
　第三节　国家公园治理央地权力配置的困局解析 …………………（120）
　　　一　现行规范的原则性 ………………………………………（120）
　　　二　央地政府关系的复杂性 …………………………………（125）
　　　三　职责同构的局限性 ………………………………………（129）
　　　四　自然资源资产产权制度改革的阶段性 …………………（131）

第四章　域外国家公园治理央地权力配置的综合考察 …………（135）
　第一节　域外国家公园治理央地权力配置的类型划分 ……………（135）
　　　一　权属单一的集权型治理 …………………………………（135）
　　　二　权属复杂的综合型治理 …………………………………（137）
　　　三　权属单一的自治型治理 …………………………………（138）
　第二节　域外国家公园治理央地权力的依法配置 …………………（139）
　　　一　集权型国家公园的央地权力配置 ………………………（140）

二　综合型国家公园的央地权力配置……………………（143）
　　三　地方自治型国家公园的央地权力配置…………………（145）
第三节　域外国家公园治理央地权力配置的可比经验…………（146）
　　一　自然资源权属影响国家公园治理模式的选择…………（146）
　　二　上收权力是实现高效治理的直接手段…………………（147）
　　三　央地共治是贯彻分权原则的必然保障…………………（149）

第五章　国家公园治理央地权力配置的实现路径………………（151）
第一节　保障国家公园治理央地权力配置的合法性……………（151）
　　一　因循自然资源国家所有的宪法要求……………………（151）
　　二　顺应央地权力配置的整体逻辑…………………………（155）
　　三　融入国家公园法律法规体系的规范建构………………（157）
第二节　建立中央统一领导下的国家公园权力体系……………（161）
　　一　明确国家公园中央立法权和人事权……………………（161）
　　二　细化国家公园中央事权…………………………………（164）
　　三　扩大国家公园中央财权的覆盖范围……………………（169）
第三节　维系国家公园央地共治的合理途径……………………（172）
　　一　赋予地方政府治理国家公园的实际权力………………（173）
　　二　理顺国家公园治理央地权力的衔接机制………………（176）
　　三　匹配国家公园治理央地权力配置的适格载体…………（179）

结　语………………………………………………………………（183）

参考文献……………………………………………………………（185）

后　记………………………………………………………………（206）

绪　　论

随着生态文明建设的不断推进，建立国家公园作为保护大面积自然生态系统原真性和完整性的重要措施，成为顺应人与自然和谐共生、推动中华民族永续发展的重大决策。我国自2013年提出"建立国家公园体制"，到2021年习近平主席出席《生物多样性公约》第十五次缔约方大会公布第一批正式建立的国家公园名单，一直密集推进国家公园的体制改革与实践建设，经历了机构改革、地方试点、政策先行、试行立法、草案制定等多个阶段，旨在为建设具有中国特色的国家公园体系积累宝贵经验。国家公园体制建设作为推进生态环境治理体系和治理能力现代化的重大命题，同样面临理顺央地权力配置的现实挑战。因此，合理配置央地权力作为科学立法的必然要求，需要将国家公园治理理念和模式等要素融入现行生态保护法律体系，形成富有国家公园特色的央地权力配置方案，这是实现国家公园治理系统性、协调性和规范性的重要依托，也是实现国家公园法律体系良法善治的应有选择。

一　研究背景与研究意义

（一）研究背景

中华人民共和国成立后，我国经历了从政府单一管理走向全方位、多层次、系统化全面治理的嬗变过程，国家治理涵盖多个领域、多类关系和多元主体，完善和发展中国特色社会主义制度、推进国家治理体系和治理能力现代化是全面深化改革的总目标。广义的国家治理涉及四个层面，在纵向上，涵盖从中央到地方，再到基层组织以及个体等层级；在横向上，涵盖政府和市场、社会等领域；在空间上，涉及中西、城乡等地区；在时间上，囊括当下和未来等时段。① 因而建立与社会发展相契合的治理模式、丰富与社会需求相适应的治理手段成为我国国家治理的永恒命题。

党的十八届三中全会作为我国全面深化改革的重要会议，首次提出了推进国家治理体系和治理能力现代化的要求。党的十九届四中全会通过的《中共中央关于坚持和完善中国特色社会主义制度　推进国家治理体系和治理能力现代化若干重大问题的决定》（以下简称《决定》）的一大亮点在于对中国特色社会主义国家治理进行了系统布局，即"一导"（党的领导）、"三化"（制度化、规范化、程序化）、"四治"（法治、德治、共治、自治）。② 换言之，国家治理现代化应当以人民为中心、以公民权利确立治理根基、以宪法之治凝聚治理共识，确立从权力本位向权利本位转化的治理逻辑。③ 具言之，国家治理以政府和社会之间的动态关系为中心，以"强政府+强社会"的结构模式为基本导向，以平衡权利与权力关系为实质标准。我国通过完善行政体制、优化政府职责体系和组织结构的方式，旨在建立权责明晰、高效稳定的"强政府"；将保障权利作为社会发展目标，建立以常态化和多主体的社会治理体系为载体的"强社会"，④ 从而解决以国家为基础的政治权力与以民众为基础的公民权利间的博弈，实现平衡各类治理主体间利益诉求的目标。⑤

《决定》的另一大亮点是运用生态环境保护、资源高效利用、生态保护和修复、生态环境保护责任这四大制度完善生态文明制度体系，既丰富了现代国家治理体系的内涵，又促进了生态环境治理体系的改革和完善。《关于构建现代环境治理体系的指导意见》是首个响应《决定》的国家文件，由于生态环境保护是国家治理的重要领域，该指导意见延续了国家治理体系的基本逻辑，对环境治理体系进行了战略性和基础性构建。一方面，从治理主体角度明确了党政领导、企业主体、社会组织与公众的权责，落实了多元主体协同治理原则；另一方面，从监管、市场、信用、法

---

① 郁建兴：《辨析国家治理、地方治理、基层治理与社会治理》，《光明日报》2019年8月30日第11版。
② 许耀桐：《新中国的国家治理和70年的发展》，《中国浦东干部学院学报》2019年第4期。
③ 夏志强：《国家治理现代化的逻辑转换》，《中国社会科学》2020年第5期。
④ 胡文木：《强国家—强社会：中国国家治理现代化的结构模式与实现路径》，《学习与实践》2020年第2期。
⑤ 陈金钊、俞海涛：《国家治理体系现代化的主体之维》，《法学论坛》2020年第3期。

规政策方面明确了体制机制、能力建设与制度保障的路径与措施,[①] 其中涉及的中央与地方职责分工、财政支出责任以及环保督察等相关内容不仅验证了权力配置在治理领域所处的重要地位,而且体现了环境治理权力类型的多样性,更加肯定了法律法规政策体系对于环境治理的保障作用。

我国的政治发展围绕一个现实主题展开,即如何借助权力关系的变化和调整促进体制变革,以及如何通过体制创新规范权力关系。[②] 其中,央地权力关系作为国家体制纵向上权力配置的基本关系,[③] 既是国家治理的核心关系,也是衡量法治水平的关键。如何合理配置央地权力既是国家治理领域需要面对和解决的关键问题,也是体制革新的内在动力,更是宪法和法律必须包含的重要内容。我国通过权力上收或者下放的方式,满足不同时期国家治理的需求,从而在整体上呈现出"集权—分权"循环往复的运行态势。具体来说,我国央地权力配置是以经济性权力为先导,以政治权力为核心,以良善治理为根本遵循,以现实反馈为改革动机,以经济体制和行政管理体制改革为表现形式的综合结果。近年来,在法治国家的背景下,随着服务型政府的建立,以及生态环境治理体系和治理能力现代化的趋势,我国出台的《关于推进中央与地方财政事权和支出责任划分改革的指导意见》和《基本公共服务领域中央与地方共同财政事权和支出责任划分改革方案》等有关划分央地权力的中央文件,通过科学界定基本公共服务领域内央地事权财权具体范围和事项的方式,尝试达到适度加强中央事权和支出责任,各级政府事权规范化、法律化的要求,进而提高政府整体治理水平的目标。

鉴于国家公园对于保护大面积生态系统的重要性,党的十八届三中全会首次提出"建立国家公园体制"的要求,作为深化生态文明建设、促进生态环境治理体系和治理能力现代化的重要战略举措。"国家公园"概念自提出伊始,不仅一直作为政治领域的核心议题,而且在实践和理论层面分别进行了探索。我国先于2015年6月启动了国家公园体制试点工作,后于2017年9月、2019年9月和2022年6月分别出台了《建立国家公园

---

① 李晓亮、董战峰、李婕旦等:《推进环境治理体系现代化 加速生态文明建设融入经济社会发展全过程》,《环境保护》2020年第9期。
② 林尚立:《权力与体制:中国政治发展的现实逻辑》,《学术月刊》2001年第5期。
③ 景跃进、陈明明、肖滨主编,谈火生、于晓虹副主编:《当代中国政府与政治》,中国人民大学出版社2016年版,第185页。

体制总体方案》（以下简称《总体方案》）、《关于建立以国家公园为主体的自然保护地体系的指导意见》和《国家公园管理暂行办法》等一系列专门的规范性文件，成为指导国家公园建设实践的规范依据和行动指南。在宏观层面，上述一系列规范性文件明确了国家公园治理的顶层设计，将探索政府、企业、社会组织和公众共同参与的国家公园治理模式作为创新点，体现了政府从"管理"到"治理"的思路转变。[①] 在内容设计上，上述规范性文件均涉及国家公园管理体制、资金保障和社区协调发展等内容，在涉及央地权力配置的政府管理职责、监管和社会参与等部分提出了合理划分中央和地方职责，运用法律法规固化权力配置结果的要求。这种明确政府定位和权重分配并且由法律保障实施的行为，既赋予了政府承担应尽公共服务责任的相应权力，又制约了权力扩张的肆意性。[②] 总体而言，国家公园整体建设过程体现为在国家领导下，实现管理体制规范化、自然生态系统保护制度化和权力体系法治化。国家公园治理权力的配置逻辑和思路不仅是生态保护领域实现权力配置规范化、法律化的有效尝试，而且是将生态保护所遵循的基本原则和价值理念注入国家公园建设实践的外在形式。

然而，国家林草局对国家公园体制试点评估结果显示，试点存在统一管理机制尚未完全解决、多元化资金保障机制尚未建立、保护与发展的矛盾突出等一系列问题，严重制约着管理效能的发挥。根据我国将建设世界最大国家公园体系的目标，以及国家公园体制建设所具备的统一、规范、高效的实质性衡量标准来看，体制问题将在相当长的时间内成为我国国家公园建设的重点和难点。国家公园体制建设作为国家公园治理的核心，具有划分权力关系的内在要求，目前尚未解决交叉重叠、多头管理碎片化问题的体制机制困局正是权力关系失衡、失调和失范的具体反映。国家公园作为中央公共事务治理领域的一部分，体制建设已经明确采用国家主导、社会共同参与的治理模式，随之而来的合理划分中央与地方权力、构建央地协同管理机制成为重中之重。虽然学界已经认识到国家公园治理过程中体制机制方面存在的突出问题，并且进行了一定研究，但尚未认识到合理

[①] 吴健、胡蕾、高壮：《国家公园——从保护地"管理"走向"治理"》，《环境保护》2017年第19期。

[②] 唐士其：《治理与国家权力的边界——理论梳理与反思》，《湖北行政学院学报》2018年第6期。

配置央地权力是解决国家公园治理难题的突破口。因此，如何按照宪法和法律规定合理配置中央和地方政府权力，形成国家公园治理整体系统的规范性回应，在大力推进生态文明法治建设的背景下，对于建立统一规范高效的中国特色国家公园体制具有现实的重要性和紧迫性。

(二) 研究意义

研究国家公园治理中的央地权力配置的目的是在现行生态保护法律法规体系的指引下，结合国家公园治理的实际需求和外部环境，形成科学合理的国家公园央地权力配置方案，为形成国家公园法律体系奠定基础，从而突破国家公园体制难题、解决国家公园治理乱象，打破原来"只见树木、不见森林"的研究僵局。在体制改革的现实压力之下，国家公园体制建设中所包含的管理机构职责、中央和地方协同管理机制、监管机制、资金保障机制和社会参与机制等内容，都亟须借助宪法央地"两个积极性"原则和其他法律中关于央地政府职责的规定予以确定。与此同时，国家公园作为国家所有权体制下的自然资源集合体，其上附属的所有权、使用权和管理权之间的冲突和协调关系作为影响自然资源保护和管理的特殊因素，从整体上影响着国家公园治理央地权力合理配置的结果。由此，研究国家公园治理中的央地权力配置需要遵循科学立法的要求，在现行法律体系下思考如何通过合理配置央地权力的方式实现国家公园治理效能的最大化。这不仅需要从规范和实践层面考察央地权力关系，还要充分解读自然资源国家所有的法律内涵，更要考虑到现行规范、央地政府关系、职责同构和产权治理阶段等多重因素所引起的综合反应。可以说，实现国家公园治理中的央地权力的合理配置上承宪法和法律中事关自然资源国家所有和央地权力关系的具体适用，下启国家公园体制改革的实施保障，具体表现在以下四个方面。

其一，为解决国家公园治理难题提供了新视角和新思路。我国国家公园治理深受体制问题掣肘，新旧体制叠床架屋的局面严重制约了国家公园的实践发展。为此，国家公园试点采取了统一管理机构和划分管理职责等方式，但尚未扭转在管理机构设立与模式选择、资金投入与分配、特许经营等方面存在的体制乱象。因此，通过权力变动与体制改革的双向互动关系，将权力配置作为承轴，在结合国家公园治理涉及中央与地方两个层面的基础之上，不仅可以将分散的体制问题转化成立法权、人事权、事权和财权等具体权力的合理配置，而且建基于法律规范的既定框架，充分利用央地权力配置的相关理论研究成果，遵循权、责、利相统一的原则，赋予中央实现管理效能的绝对优势权力、保留地方权力的施展空间，从而为响应和落实国家公园体制建设政策、促进生态环境保护体制机制完善、推动环境治理体系和政府权力法制化革新提供智力支持。

其二，规范了国家公园治理央地权力的类型化构造。权力配置的前提是明晰权力的类别，类型化研究作为规范法学的重要研究方法之一，有利于构建具有综合性、问题导向性以及利益关系复杂性等特征的国家公园治理权力体系。① 国家公园治理旨在打造的"国家主导、共同参与"机制具有"强国家—强社会"结构的突出特征，形成了国家与社会之间的双向互动，② 需要发挥国家公权力的指引和协调作用以满足社会治理需求。为此必须先按照公权力的共性指涉划分权力调整的四重维度，即立法权、事权、财权和人事权，并将其作为国家公园治理中央地权力配置的主要对象。后依据事权内部所涉领域的广泛性和事项的多样性，对其进行二级划分是为了实现权力的精细化管理，也是最终落实国家公园治理的必要举措。从权力的行使主体、实现维度、具体属性三个面向对国家公园治理的央地权力进行类型化梳理，是实现合理配置国家公园治理央地权力的应有基础。

其三，厘清了国家公园治理央地权力配置的正当性基础。国家公园属性与行政法意义上的公共用公物相匹配，国家公园治理中的央地权力源于公共用公物权，其所有权、使用权和管理权分别赋予管理国家公园的资格、目标和面向。与此同时，国家公园作为各类自然资源的集合体，继受了自然资源国家所有权的权能，以《宪法》第 9 条有关自然资源国家所有的规定为基础，在明确包含民法上物权的私法效力，以及国家对于自然资源在立法、行政和司法方面的公法权能基础上，③ 从宪法上自然资源国家所有和行政法上公物管理两个公法角度共同论证了国家公园治理权力，丰富了国家公园治理权力的法律基础，也是从法学视角探索权力配置的基本前提。

其四，拓展了治理理论的适用领域，积累了央地权力配置的经验。现

---

① 徐以翔：《我国环境法律规范的类型化分析》，《吉林大学社会科学学报》2020 年第 2 期。

② 陈海嵩：《中国环境法治中的政党、国家与社会》，《法学研究》2018 年第 3 期。

③ 王涌：《自然资源国家所有权三层结构说》，《法学研究》2013 年第 4 期。

有关于治理理论的研究主要适用于国家、社会和环境等宏观层面，缺乏对具体领域的指导经验。将治理理论运用至国家公园领域，有利于深层探索国家公权力在生态环境和自然资源领域治理的实践经验，总结影响国家公园治理效果的各类因素，对于构建政府主导维护环境公共利益的环保格局大有裨益。在进一步提高中央政府提供公共服务能力和水平的背景下，将激发中央和地方两个积极性原则作为配置央地权力的基本要求，为以自然保护地和青藏高原为代表的区域，以及作为生态环境治理对象的长江、黄河等流域提供借鉴，是理顺我国央地权力配置的一次积极尝试。

二　研究综述及评述

（一）研究现状

国家公园治理中的央地权力配置是一个复合型的研究议题，虽然学界的针对性研究尚付阙如，但是有关治理、央地权力以及国家公园的文献资料却相当丰富，为本研究提供了相对坚实的理论基础。国家公园治理中的央地权力配置是基于治理理论的基本研究框架下，充分考虑央地权力配置在国家、社会和法律层面的关涉，对国家公园体制建设中的治理难题做出的回应。因此，国家公园治理中的央地权力配置是集法学、政治学、社会学和公共行政学等学科于一体的命题，需要从多角度进行全方位和多层次的分析与研究。

1. 治理理论

我国对于治理理论的研究发轫于国家治理，并且逐步带动社会治理的兴起，当下有关国家和社会治理的研究不仅已经形成相对稳定的逻辑结构和知识体系，并且已成交融之势。有学者从我国治理理论研究出现、发展和兴盛的时间维度出发，指出治理理论的更新是国家改革和社会转型的反映，而国家治理和社会治理等研究领域的产生是治理理论与不同领域、主体和制度场景相结合后的产物。[1]

关于国家治理的研究视角和基本内涵，有学者将"党的领导—人民当家作主—依法治国"的理论叙事和"契合政府、地方、基层需要"的治理工具作为证明中国国家治理的逻辑起点，[2] 绘制成以法治保障治理内

---

[1] 任勇：《治理理论在中国政治学研究中的应用与拓展》，《东南学术》2020年第3期。
[2] 宋雄伟、张翔、张婧婧：《国家治理的复杂性：逻辑维度与中国叙事——基于"情境—理论—工具"的分析框架》，《中国行政管理》2019年第10期。

涵的制度化、以公平公正为平衡价值的基本共识、以多元合作实现良善治理的话语坐标,[①] 从而形成以马克思主义为哲学基础、"人民—党的领导—多元一体—民主集中制—凝聚"为标识性概念体系的"中国之治",探索出以治国理政为内涵,以多元一体为主体,以政治、经济、社会、文化为领域的综合治理路径。[②] 关于国家治理的实现路径,有学者认为坚持和完善中国特色社会主义制度是实现国家治理的方式,以提升制度禀赋的善制与促进良善治理的善治相结合,是成功实现国家治理现代化目标的保证。[③] 基于制度和机制之间相互转化,进而形成良性治理合力的认知下,特定实现机制是将纸面上的制度优势转化为国家治理效能的关键,具体是指在党的领导下国家机关的法律法规运作体系和政策执行体系。[④] 为此,国家治理应当完善以权利为导向的制度体系,划清国家权力和社会权利的边界,实现国家与社会的良性互动机制。[⑤] 除了国家治理的实施方式外,还需关注国家治理对象的优化。有学者认为国家治理实际上是政府和社会之间相互关系的动态机制,只有在"强政府+强社会"的组合之下,才能实现强国家下的治理效能。[⑥] 而政府职能的发挥作为连接二者的重要因素,必须将为实现公共利益而提供服务,在行动上以保障公民权利和利益为政府职能准则。[⑦] 为此,应保持政府治理机制的活力,将运动型治理机制和常规型治理机制看作国家治理的双重过程,将运动型治理机制作为针对官僚体制这一常规型治理机制失败的应对机制。[⑧]

关于社会治理的地位和内涵,有学者认为社会治理是指在社会领域实

[①] 徐亚清、于水:《新时代国家治理的内涵阐释——基于话语理论分析》,《重庆大学学报》(社会科学版) 2021 年第 1 期。

[②] 马忠、安着吉:《本土化视野下构建中国特色国家治理理论的深层思考》,《西安交通大学学报》(社会科学版) 2020 年第 2 期。

[③] 虞崇胜:《中国国家治理现代化中的"制""治"关系逻辑》,《东南学术》2020 年第 2 期。

[④] 陈尧、陈甜甜:《制度何以产生治理效能:70 年来中国国家治理的经验》,《学术月刊》2020 年第 2 期。

[⑤] 胡文木:《强国家—强社会:中国国家治理现代化的结构模式与实现路径》,《学习与实践》2020 年第 2 期。

[⑥] 杨立华:《建设强政府与强社会组成的强国家——国家治理现代化的必然目标》,《国家行政学院学报》2018 年第 6 期。

[⑦] Robert B. Denhardt, Janet V. Danhardt, "The New Public Service: Putting Democracy First", *National Civic Review*, Vol. 90, No. 4, 2001.

[⑧] 周雪光:《运动型治理机制:中国国家治理的制度逻辑再思考》,《开放时代》2012 年第 9 期。

现国家治理的水平和要求,① 社会治理作为国家治理的下位概念,不仅决策要与国家治理决策相一致,而且相关制度和实践源于国家治理的制度理性和实践逻辑。② 面对现代社会的多样性、动态变化以及复杂性,共治已经成为社会治理发展的一大趋势,③ 这就要求社会治理现代化应当包括主体多元化、方式科学化、过程法治化、机制规范化四项基本内容,④ 具体内容是指在执政党领导和多元主体协同共治基础上,科学运用刚性和柔性的社会治理手段调节社会关系和社会事务,以实现社会秩序与平衡为目标的一种协调性行动。⑤ 关于社会治理的实现路径,有学者指出,社会治理表现为一种耦合的权力关系,通过权力关系模式化所形成的权力结构,发挥反思性、再生产性和策略性功能是实现社会治理的内在因素。⑥ 这种权力运行不仅需要完善体制内的社会组织建设,而且要将体制外的社会组织予以制度化、规范化和法治化,在法治约束和保障公民权利的基础上,建立起公共权力与公民之间制度化、规范化与法治化的良性互动关系。⑦ 法律、法规制度作为整体构建社会治理体系的载体,是系统解决社会治理问题的手段,应当将保障社会公平正义作为法律实施的目的。⑧ 宪法中有关合理配置和约束国家公权力、切实维护公民基本权利的条文正是实现社会治理中凸显人权价值的有力保障。⑨

2. 央地权力配置

央地权力配置作为央地关系的核心内容,以及治理领域改革的实质要求,是政治学、社会学、公共管理学和法学等诸多学科共同关注的焦点,

---

① 王浦劬:《国家治理、政府治理和社会治理的含义及其相互关系》,《国家行政学院学报》2014年第3期。

② 张文显:《新时代中国社会治理的理论、制度和实践创新》,《法商研究》2020年第2期。

③ Jan Kooiman, *Governing as Governance*, Sage Press, 2003, p. 97.

④ 王华杰、薛忠义:《社会治理现代化:内涵、问题与出路》,《中州学刊》2015年第4期。

⑤ 李胜、何植民:《社会治理现代化的结构与路径:基于中国语境的一个分析框架》,《行政论坛》2020年第3期。

⑥ 鹿斌:《社会治理中的权力:内涵、关系及结构的认知》,《福建论坛》(人文社会科学版)2020年第4期。

⑦ 周庆智:《社会治理体制创新与现代化建设》,《南京大学学报》(哲学·人文科学·社会科学版)2014年第4期。

⑧ 蒋立山:《社会治理现代化的法治路径——从党的十九大报告到十九届四中全会决定》,《法律科学》(西北政法大学学报)2020年第2期。

⑨ 韩大元:《宪法实施与中国社会治理模式的转型》,《中国法学》2012年第4期。

更是理论界和实务界长期研究的课题,至今已经形成了丰富的研究成果。有关央地权力的具体类型、影响因素和基本原则是配置的前提,在此基础上存在的问题和提出的解决路径是对具体实践的现实回应。

关于央地权力配置的基本内涵和划分依据,有学者提出中央与地方政府权力配置的本质是指中央赋予地方政府权力的范围与限度,即中央与地方政府之间如何分配权力,如何确定权力的内容和行使权力的边界等问题。[①] 这种将权力向上集中的中央管辖权和权力下放赋予地方治理权的互动过程,可以被视为平衡国家治理中权威体制和有效治理这一对矛盾关系的过程。[②] 在上下分治的治理体制下,基于分散执政风险和调节集权程度的考量,形成"中央治官权、地方治民权"的整体模式。[③] 虽然中央政府与地方政府之间存在明确的权力划分,但是任何一级政府都不能在绝对掌握制定政策法规权的同时,又可以在自身范围内享有充分的自主权。[④] 有学者将中国纵向政府间的事权划分机制称为行政发包制,有关中央集权和分权的程度需要通过公共事务的质量压力、统治风险与治理成本进行基本权衡。[⑤] 这类央地权力划分是国家整体利益与局部利益、普遍利益与地方特殊利益的分配关系,其首要依据是公共事务的基本属性,即国家主权与政治制度、经济、民族、自然和国家发展战略属性。[⑥] 对于央地权力配置的基本原则和主要类型,有学者认为宪法中"主动性"和"积极性"是调整中央与地方关系的基本原则,其中积极性的静态内涵更包含着事权划分的明确性与规范性、财权与事权相匹配的划分原则。[⑦] 根据宪法中有关国家机构组织原则的规定,可以将功能主义引申为国家权力配置原则,有利于强调国家治理能力和效率、保障国家权力行使正确性。[⑧] 有学者认为

---

① 王晓燕、方雷:《地方治理视角下央地关系改革的理论逻辑与现实路径》,《江汉论坛》2016年第9期。
② 周雪光:《权威体制与有效治理:当代中国国家治理的制度逻辑》,《开放时代》2011年第10期。
③ 曹正汉:《中国上下分治的治理体制及其稳定机制》,《社会学研究》2011年第1期。
④ Qian, Yingyi and Barry Weingast, "China's Transition to Markets: Market-Preserving Federalism, Chinese Style", *Journal of Policy Reform*, Vol. 1, No. 2.
⑤ 周黎安:《行政发包制》,《社会》2014年第6期。
⑥ 王浦劬:《中央与地方事权划分的国别经验及其启示——基于六个国家经验的分析》,《政治学研究》2016年第5期。
⑦ 郑毅:《论中央与地方关系中的"积极性"与"主动性"原则——基于我国〈宪法〉第3条第4款的考察》,《政治与法律》2019年第3期。
⑧ 张翔:《我国国家权力配置原则的功能主义解释》,《中外法学》2018年第2期。

中央与地方权力配置是为了实现国家统治和治理效能，需要考虑全国人民的整体利益和当地人民的局部利益，这些权力不仅可以划分为立法权、财税权和事权，① 而且还可以依据政治、经济、公共治理的领域划分，相应地分为人事权、财权和事权。②

对于央地权力配置的现实问题和解决路径，有学者指出央地事权存在"法定主体不清晰，履职主体不明确""法定主体不合理，中央事权明显不足""制度供给不完善，潜规则往往起到极大作用"三类问题，相应提出了事权规范化、法律化，理顺事权、财权与财力、支出责任的关系，细化央地事权财权划分的对策建议。③ 这些问题外显为事权与财权不统一、财力与事权不匹配、事权与支出责任不适应等现象，从权责背离到权责一致方为破解之道。④ 事权作为央地权力划分的关键，存在共同事权过多、财政事权下沉、事权协调机制欠缺等不合理问题，亟须以基本公共服务领域为突破口，依据风险决策、分担、匹配原则，加大中央事权、规范共同事权、赋予地方事权。⑤ 在"中央决策，地方执行"的前提下，兼顾按项目和按权责要素这两种事权与支出责任划分方式，将权责内洽作为央地权责划分的核心。⑥ 为了能够从根源上理顺中国政府纵向间集权与分权反复交替的关系，确权思维是强调事权、职责和利益合理归位的方式，而权责清单模式正是这一思维下的产物。⑦ 具体到环境领域央地权力配置的表现来看，需要将环境保护宏观调控、国家生态安全和环境基础设施建设等方面的权力归于中央事权，将地区环境调控与管理、地区环境安全和地区环境监管能力方面的权力归于地方事权。⑧

---

① 徐清飞：《我国中央与地方权力配置基本理论探究——以对权力属性的分析为起点》，《法制与社会发展》2012年第3期。
② 臧雷振、张一凡：《理解中国治理机制变迁：基于中央与地方关系的学理再诠释》，《社会科学》2019年第4期。
③ 贾康、苏京春：《现阶段我国中央与地方事权划分改革研究》，《财经问题研究》2016年第10期。
④ 李楠楠：《从权责背离到权责一致：事权与支出责任划分的法治路径》，《哈尔滨工业大学学报》（社会科学版）2018年第5期。
⑤ 刘尚希、石英华、武靖州：《公共风险视角下中央与地方财政事权划分研究》，《改革》2018年第8期。
⑥ 赵福昌：《权责内洽机制是央地关系的核心》，《财政科学》2018年第8期。
⑦ 朱光磊、赵志远：《政府职责体系视角下的权责清单制度构建逻辑》，《南开学报》（哲学社会科学版）2020年第3期。
⑧ 于长革：《政府间环境事权划分改革的基本思路及方案探讨》，《财政科学》2019年第7期。

3. 国家公园治理

国家公园治理是生态文明建设时期的一项重要改革措施,既需要借助治理理论提供建构思路,也要结合国家公园自身特性和目标进行对应设计,这样才能有效推进国家公园治理的实践进程。因此,国家公园治理不仅包括基本属性、制度和体制等应然层面的内容,而且更多地需要通过实践来发现和解决治理当中的问题。

关于国家公园治理的基本属性,既有将国家公园特性归于公益性、国家主导性和科学性,并且分别体现为公众利益和公众参与、国家确立和国家管理、科学规划和经营利用等;[①] 也有将国家性和公民性看作国家公园的基石和宗旨,通过中央集权、垂直管理和公民参与的方式予以落实;[②] 还有将公益性看作国家公园的根本性价值,从社会效益角度表现为国家公园为公民提供的一系列无偿公共服务。[③] 关于国家公园治理的基本制度,一方面,从整体制度体系的范围和深度来看,不仅应当建立起统一分级管理制度、国家评估设立制度、自然资源资产管理制度、严格生态保护制度、资源利用监管制度、社区共建共管制度、全民参与共享制度、资金投入保障制度等组成的中国国家公园保护制度体系,[④] 而且还应当建立起最严格的保护制度体系,从源头保护、准入、管理、责任追究、损害赔偿、法律保障制度多方面阐述"最严格性";[⑤] 另一方面,从具体制度来看,自然资源资产管理是国家公园管理的核心内容,应从总体规划、产权管理、监督执法、用途管制等方面进行总体制度构建。[⑥] 有学者指出我国自然保护地自然资源产权制度存在产权界定局限、所有权行使人虚位和公权私权利益协调机制不健全等问题。[⑦] 特许经营制度作为探索国家公园市场化多元化的生态保护融资机制,旨在平衡资

---

① 陈耀华、黄丹、颜思琦:《论国家公园的公益性、国家主导性和科学性》,《地理科学》2014年第3期。

② 李鹏:《国家公园中央治理模式的"国""民"性》,《旅游学刊》2015年第5期。

③ 黄锡生、郭甜:《论国家公园的公益性彰显及其制度构建》,《中国特色社会主义研究》2019年第3期。

④ 陈君帜、唐小平:《中国国家公园保护制度体系构建研究》,《北京林业大学学报》(社会科学版)2020年第1期。

⑤ 黄德林、赵淼峰、张竹叶等:《国家公园最严格保护制度构建的探讨》,《安全与环境工程》2018年第4期。

⑥ 韩爱惠:《国家公园自然资源资产管理探讨》,《林业资源管理》2019年第1期。

⑦ 钟乐、赵智聪、杨锐:《自然保护地自然资源资产产权制度现状辨析》,《中国园林》2019年第8期。

源保护和服务间关系。① 其基本框架由特许权合同、许可证和地役权合同组成,依其资源属性、利用形式和权限等进行合理选择,② 在设置上应当具备民生导向,在管理体制和程序设置中予以体现。③ 除此之外,国家公园公众参与制度是提高公众积极性和主动性的方法,包括信息反馈、咨询、协议与合作这四种类型。④ 国家公园生态补偿是以保护和可持续利用生态系统服务为目的,以经济手段为主调节相关者利益关系的制度安排,主要是指坚持使用者付费、受益者付费、保护者得到补偿三原则,并且结合多种补偿方式和标准。⑤

关于国家公园治理的体制问题和实现路径,有学者指出国家公园治理存在部门分割、缺乏顶层设计、保护地体系不完善等宏观问题,以及与国有企业存继、社区产权和社区传统文化等相关的具体难题。⑥ 我国国家公园体制在自然资源确权登记、跨行政区管理机制、多元化资金保障、特许经营和协议保护制度等方面的改革滞后,受到现行法律法规、管理体制、人才和科技支撑能力等因素的制约。⑦ 有学者将人地关系看作破解国家公园体制试点难题的第一步,认为目前存在的国家公园空间范围不联通、机构权责不匹配、条条关系不明确以及权属上有地无权等问题需要通过探索多元共治模式,加强中央支持力度,以缓解"权、钱"压力。⑧ 国家公园宏观和微观管理机构设置方式及其权责利范围是中国国家公园体制试点的难点,赋予国家公园管理机构独立统一的权限是改变人地约束和权钱矛盾局面的关键。⑨ 有学者针对中国国家公园体制目前存在的部门管理分割和

---

① 吴健、王菲菲、余丹等:《美国国家公园特许经营制度对我国的启示》,《环境保护》2018年第24期。
② 吴承照、陈涵子:《中国国家公园特许制度的框架建构》,《中国园林》2019年第8期。
③ 陆建城、罗小龙、张培刚等:《国家公园特许经营管理制度构建策略》,《规划师》2019年第17期。
④ 张婧雅、张玉钧:《论国家公园建设的公众参与》,《生物多样性》2017年第1期。
⑤ 刘某承、王佳然、刘伟玮等:《国家公园生态保护补偿的政策框架及其关键技术》,《生态学报》2019年第4期。
⑥ 刘金龙、赵佳程、徐拓远等:《国家公园治理体系热点话语和难点问题辨析》,《环境保护》2017年第14期。
⑦ 黄宝荣、王毅、苏利阳等:《我国国家公园体制试点的进展、问题与对策建议》,《中国科学院院刊》2018年第1期。
⑧ 苏杨:《从人地关系视角破解统一管理难题,深化国家公园体制试点》,《中国发展观察》2018年第15期。
⑨ 王蕾、卓杰、苏杨:《中国国家公园管理单位体制建设的难点和解决方案》,《环境保护》2016年第23期。

利益冲突、土地权属复杂、全方位生态保护与地方注重经济相矛盾、法律法规制度不健全等问题，提出了垂直管理、自然资源资产确权、管理权和经营权分离以及建立以中央为主的资金保障机制等解决方案。① 土地权属不明晰作为国家公园管理的突出问题，引发了与周边社区的矛盾和多头管理等问题，应当分步开展土地确权和流转、建立长效生态补偿和共建共享机制。② 通过重新诠释地役权，使之成为促进国家公园土地权属和流转、实现国家公园国有土地主体地位的重要途径。③ 最后，国家公园资金保障体制应当因时制宜，前期宜遵循"政府主导、社会参与、市场运作"的原则，构建多元化资金渠道投入方式，后期则采用以中央政府财政拨款为主，以地方财政为辅，社会积极参与的多渠道资金筹措保障机制。④

（二）研究评述

通过对国内外相关研究资料进行梳理可以发现，学界对国家公园治理和央地权力配置方面的研究已经取得了一定成果，为国家公园治理实践中涉及央地权力的相关制度和体制问题提供了较为全面的研究视角。虽有国家公园治理与央地权力配置间联系不够深入、从法学视角进行的研究相对缺失且零散的现象，但是现有管理学和政治学的理论研究能够在一定程度上为央地权力配置提供方向性指引，而国家公园治理相关文献资料也已经指明权力配置不合理所呈现的诸多表象。这不仅有助于界定国家公园治理央地权力配置的理想状态和标准，而且提出了央地权力配置在现行法律、府际关系、职责同构和产权治理阶段等方面进行规范性适配的要求。基于此，国家公园作为新型、独立的研究领域，需要综合国家公园治理和央地权力配置两大要素进行系统研究，经历源于实践、高于理论、忠于法律的过程，以对国家公园治理央地权力实施精细化分析和合理配置为基础，达到法律指引和规范权力的治理效果。

1. 国家公园治理研究初具规模，但呈现碎片化和分散性

国家公园治理作为国家治理视域下生态文明制度体系的组成内容，有关政府和社会治理的研究成果自然可以为国家公园所用。虽然囿于国家公

---

① 赵西君：《中国国家公园管理体制建设》，《社会科学家》2019 年第 7 期。
② 方言、吴静：《中国国家公园的土地权属与人地关系研究》，《旅游科学》2017 年第 3 期。
③ 秦天宝：《论国家公园国有土地占主体地位的实现路径——以地役权为核心的考察》，《现代法学》2019 年第 3 期。
④ 李俊生、朱彦鹏：《国家公园资金保障机制探讨》，《环境保护》2015 年第 14 期。

园立法层面的缺失，现有研究关于国家公园情境下解读政府和社会治理的相互关系和实现路径存在一定差异性，但通过强政府和强社会组合提高治理效能已经取得共识。与此同时，相关文献对于国家公园治理问题已经进行了详细列举，既有因人地和权责矛盾引发的宏观体制问题，也有实际管理过程中有关特许经营和资源确权等微观操作问题，可以说研究范围基本囊括了国家公园治理中的全部难点，完成了国家公园治理中的第一步——找寻痛点。按照"发现问题—分析问题—解决问题"的研究逻辑，现有研究也进行了对应性的制度设计，为后续研究提供了良好基础。

然而，将文献资料置于国家公园治理视野下可以发现，现有成果不仅尚处于"头痛医头，脚痛医脚"的研究阶段，在内容上多呈现出碎片化和分散性特征，而且缺乏基于法治视野进行的法律分析。具体而言，现有研究或是对国家公园治理相关政策作出的宏观解读，或关注于监管、执法、产权和特许等制度的运行困境和改良方案，或局限于对国家公园体制机制等固有难题的具体表现进行浅层探讨，既缺乏对国家公园治理的整体把握和系统研究，难以达到理论指导实践的研究目标，又未曾基于国家公园治理的特殊性在现有法律体系内明确法理基础，从而构建包含科学合理配置央地权力在内的国家公园法律体系。为此，通过比照治理手段和目标的一致性，寻找与"国家公园"相匹配的法学概念，不仅能为国家公园治理提供法律依据，而且有益于从概念中析出权力配置的整体方向。

2. 央地权力配置已成体系，却缺乏法学层面的深入研究

现有央地权力配置的研究成果已经证明了央地权力配置与治理之间的互通性，并对央地权力配置的相关影响因素以及背后的利益关系进行了梳理和论证，明确界定和充实了央地权力配置的内涵和外延，从而构建起央地权力配置的一般性框架。其中，经济领域作为央地权力变动最为频繁的前沿领域和基础部分，已经取得了丰硕的研究成果，尤其对财政事权的历史沿革、配置背景和规范路径等内容做出了系统阐述，为其他治理领域提供了有力参考。目前，央地权力配置的治理经验基本建基于管理学、政治学和社会学等学科，与之相比，从法学视角配置央地权力的研究则缺乏广度和深度。虽然央地权力配置既是法学研究的重要组成内容，也是部门法发展和革新的主要对象，更是实现法治的必要步骤，但是法律规范的原则性和滞后性与现实环境的复杂性和变动性等特征之间天然存在的不匹配，使得法学界对于央地权力配置研究集中于宏观层面的制度建构，多借助国

家政策进行过渡性调整，缺乏对具体权力配置方案的关注，导致法律对权力配置的指引作用不明显以及权力配置缺乏法律权威性支撑等问题产生。

3. 国家公园治理与央地权力配置缺乏关联性研究

目前有关国家公园治理的研究内容多止步于将体制机制归于制约国家公园治理效能发挥的首要因素，甚少进一步探索体制机制中的核心要素——权力，从而难以从权力配置角度检视国家公园治理全程，遑论全面解决国家公园的治理难题。细言之，无论是有关管理机构的职责，还是特许经营的主体、范围和监督，抑或公众参与限度等，都是央地权力在不同方面的配置结果。只有对央地权力配置与国家公园治理进行关联性研究，才能直击国家公园治理的体制痛点。将国家公园治理央地权力这一问题整体置于法治视野下，以法律的形式对自然资源国家所有和央地权力作出体系化规定，不仅可实现国家公园治理合法性、合理性和有效性的有机统一，而且所形成的国家公园治理央地权力配置方案能够成为国家公园法律体系的组成内容。

三　研究思路与研究方法

（一）研究思路

本书的总体研究思路是以国家公园治理的特殊性和央地权力配置的一般性规定为研究起点，运用法治思维分别寻找与国家公园和权力配置相关的法理基础及规范依据，在明晰国家公园治理中的央地权力配置的现状及其产生原因的基础上，形成科学合理的国家公园治理央地权力配置方案，并融入国家公园法律法规体系。将央地权力配置纳入法治轨道，形成逻辑严谨、整体系统的国家公园治理央地权力配置方案，既是满足权力配置规范化要求的应有选择，也是实施依法治园路线的关键步骤，而最终通过法的形式展现权力配置结果，为规范国家公园治理提供了可复制的参考经验。本书分别从事实和规范两个层面入手，在明确国家公园治理中存在央地权力配置不清晰和不合理等问题的前提下，一方面，既根据国家公园自身保护和管理特性，将国家公园定位于行政法上的公共用公物，运用公共用公物权析出的所有权、管理权和使用权之间的权利关系论证国家公园治理权力的来源；又依据国家公园的自然属性，将其回溯至具有总则性、基本性和最高性特征的宪法之中，选择自然资源国家所有的相关规定，共同构筑起国家公园治理央地权力配置的双重法理基础。另一方面，以央地两个积极性原则为基本指引，以法律法规中有关政府管理职责的规定为基础，充分考虑我国央地权力配置所处现状以及深层体制对国家公园治理领域所造成的整体影响，结合国家公园治理的实践需求和经济社会环境，形成可落地的央地权力配置方案，进而转化成法言法语规定于国家公园立法文件之中，是将法治贯彻至国家公园治理央地权力配置始终的完整路径。具体章节安排如下。

第一章分别对国家公园治理和央地权力配置进行一般性的背景阐述。首先，通过梳理国家公园的政策脉络、法律定位和现实样态，确定国家公园治理的基本走向和重点领域，对比顶层设计和现状之间的差距，引出国家公园治理作为本书研究对象的必要性。其次，对央地权力配置基本内容的论述遵循从应然到实然的顺序，依次包括理论基础、原则、类型和现状等内容，为下文在特定领域研究央地权力配置奠定基础。最后，从理论和实践层面明确选择法治视角研究国家公园治理央地权力配置的必要性、可行性和重要性。

第二章明确了国家公园治理中央地权力配置的法理基础。该章在明确将国家公园看作自然资源集合体的前提下，从公法角度，由行政法上公共用公物权所析出的所有权、使用权和管理权解释国家公园治理权力配置的来源、目标和内容；选择自然资源国家所有和两个积极性原则作为研究国家公园和央地权力问题的宪法依据，与法律规范和政策文件的相关规定一道，组成分析国家公园治理央地权力配置的规范基础，符合依法治园的实施路径。与此同时，自然资源管理体制作为现行法律规范下与自然资源保护和利用实践相结合的产物，是国家公园治理央地权力配置具有合法性和合理性的一大参考标准。自然资源管理体制由管理机构、职权和机制三大要素构成，不仅能够体现权力配置的结果，而且决定了权力配置是否具有可行性。综上，根据理论基础和规范依据，从形式、内容和性质三个方面总结出国家公园治理央地权力配置的特征，既通过调整权力上收下放的合理限度满足国家公园的治理需求，又将国家公园承载的多重价值作为权力配置的衡量标准。

第三章以国家公园治理中的央地权力配置现状和问题为起点，分析造成权力配置困局的原因。将前文国家公园治理难题归为立法权、人事权、事权和财权这四类权力配置不清晰和不匹配的具体表现形式，对我国法律制度和体制机制已有的桎梏进行深层挖掘，总结出现行规范原则化、政府关系复杂化、职责同构局限性和产权改革阶段性四个方面的原因。这不仅论证了央地权力配置之所以成为治理领域重难点的共性原因，而且将国家公园治理放到自然资源资产产权制度改革乃至生态文明体制的时代背景下，解释了国家公园治理的特殊性。

第四章考察域外国家公园治理中的央地权力配置现状，明确自然资源权属关系与国家公园管理模式之间的因果关系，进而从管理模式的选择推导出权力配置的总体方向。由于更为明确的央地权力配置方案需要根据集权型、综合型和自治型三种模式进行分类，从各国国家公园法律法规文件中的政府职责条款析出。基于此，遵循"自然资源权属关系—管理模式—央地权力配置方案"的逻辑顺序，以治理效能最大化为目标，形成国家公园治理央地权力配置的可比性规律。

第五章提出我国国家公园治理央地权力配置的实现路径。首先，依法治园是国家公园治理央地权力配置的前提，既要顺应包含自然资源国家所有和权力配置等内容在内的现行法律规范体系，也要尝试与正在构建的国家公园法律规范体系相融合，有利于实现权力配置规范化和法制化。其次，为了保证中央对国家公园体制建设的统一领导，在权责利相统一的原则下，有选择性地上收立法权、人事权、事权和财权。最后，根据国家公园治理的实际需求和现代生态环境治理的通行做法，赋予地方政府经济发展和社会保障类权力，促进地方积极性和主动性，明确央地共同事权的划分界限，增强央地协作的机制黏性，并且根据权力配置的详略程度和层级设定选择合理的表达媒介。

（二）研究方法

1. 规范分析法

通过对我国有关国家公园治理和央地权力配置的国家政策和法律法规进行综合归纳与分析，提炼出内在逻辑和价值取向，从而在现行法律规范的框架下，合理配置国家公园治理央地权力。其一是明确在现行法律法规的规定下，难以有效回应国家公园治理中央地权力合理配置的现实问题，不仅引出研究前提，而且提出反哺国家公园法律体系建设的研究目标。其二是从现行规范体系中提炼出国家公园治理央地权力配置的基本方向，有利于构建符合法律原则、契合实践需求的央地权力配置路径，使之形成自给自足、开放联动的规则运行机制。

2. 实证分析法

本书以国家公园治理中的央地权力配置的客观实际和所处的政治经济社会环境为研究起点，分别从国内和国际两个角度进行综合考察。其一，本书是基于我国国家公园治理的现实难题所引发的思考，通过对机构职能受限、执法权分散、特许经营有待明确、资金保障尚未健全等现象进行归纳分析，认为国家公园治理难题实际上是央地权力配置不清晰、不匹配和不合理等共性原因在国家公园领域的具体表现形式。与此同时，结合国家公园治理相关的法律法规和政策文件，以及我国自然资源管理体制的构建走向，对我国国家公园治理权力上收的趋势做出整体判断。其二，根据不同类型的管理模式对域外国家公园进行分类，充分考察域外国家公园治理央地权力配置的关联要素，得出自然资源权属关系直接影响管理模式选择的结论，进而总结出中央直管和央地共治的整体趋势，作为我国国家公园治理的可比经验。

3. 比较分析法

本书将国外有关国家公园治理中央地权力配置的实际状况、影响因素和因果关系等进行横向比较，以确保国家公园治理中的央地权力得到合理配置。我国在国家公园治理领域属于后发型国家，应当在克服路径依赖的前提下，类比考量影响域外权力配置的相关要素。为此应当充分考量我国现有法律体系对权力的规范和制约作用，以不违反我国顶层设计为基础，综合评判域外国家公园治理中的央地权力配置模式能否适用于我国，从而形成符合我国国情和体制的国家公园治理央地权力配置的中国方案。

4. 跨学科分析法

本书将运用政治学、管理学、社会学和法学的相关理论成果和工具方法，为梳理和分析国家公园治理难题提供多重理论基础和方法论。合理配置国家公园治理中的央地权力是在法治视野下实现科学立法的前提，不仅需要以政府管理有效性和组织结构等多学科理论为基础，明确政府权力与管理效能最大化之间的临界关系，而且应当运用博弈论的研究范式，综合考量央地政府作为权力行使主体，进行最终价值判断和行为选择的影响因素，使之成为检验权力配置合理性的重要衡量标准。由此运用其他学科研究成果丰富国家公园治理央地权力配置的理论基础，是从法学领域开展研究的前提。

第一章

国家公园治理央地权力配置的背景阐释

第一节 国家公园治理的基本内涵

国家公园治理是生态环境治理在国家公园领域的具体实践，在我国逐步完善国家公园顶层设计、有序推进国家公园体制改革的进程中，经过国家公园实践从地方试点走向正式建立的新阶段，国家公园治理的整体框架和基本思路已经相对成熟。基于此，为了更好地建成统一规范高效的中国特色国家公园体制，需要梳理国家公园政策规定，树立国家公园治理的既定目标；根据国家公园的基本属性，精准定位于现行法律体系之中；通过将国家公园治理乱象与顶层设计进行对比，明确国家公园治理的研究标靶，直接揭示本书的研究对象和意义。

一 国家公园治理的政策设计

国家公园作为自然保护的一种形式，最早出现于美国，随后在世界范围内得到大面积推广和运用。IUCN将国家公园归为第二类保护地，主要针对大面积自然区域，旨在保护大规模生态过程、自然资源和生态系统。[①] 鉴于国家公园在保护大面积生态系统方面的良好效果和我国持续深化生态文明改革成果的时代要求，将国家公园作为新型保护地类型，成为形成科学合理、层次分明的自然保护地体系的重要契机，是我国政治决策的必然选择。在我国政策先行的传统下，通过解读国家公园政策从宏观到微观的落地过程和核心要义，有利于为我国改革实践提供规范依据。

我国第一份宣布引入国家公园的政策性文件是2013年11月的《中共

[①] [美] 巴巴拉·劳瑞：《保护地立法指南》，王曦、卢锟、唐瑭译，法律出版社2016年版，第31页。

中央关于全面深化改革若干重大问题的决定》，该份文件作为我国致力于深化体制改革的战略部署，对我国国家治理中的重要领域和关键环节制定了改革任务和制度体系。该决定在第 52 条提出"建立国家公园体制"的要求，成为国家公园首次正式进入我国政治视野的标志。将国家公园纳入"十四、加快生态文明制度建设"部分，不仅充分彰显了国家公园对于我国部署生态文明建设格局和深化改革大局的重要地位，而且表明了我国开展国家公园建设的决心和思路。该份文件将国家公园看作主体功能区制度的延伸，将建立国家公园体制作为落实生态保护红线的表现形式，至此建设国家公园成为国家治理领域的一项改革任务。2015 年 9 月出台的《生态文明体制改革总体方案》将关注点进一步聚焦于生态文明改革领域，不仅从宏观层面提出了由指导思想、理念和原则组成的总体要求，而且在微观层面对产权、管理、规划、资源节约和生态补偿等相关制度作出了分类阐释。该份文件将建立国家公园体制列为国土空间规划制度下的独立要求，不仅明确将国家公园体制看作改革各部门分头设置体制、对上述保护地进行功能重组的关键举措，而且设定了对国家公园实行严格保护的红线，强调除不损害生态系统的原住民生活生产设施改造和自然观光科研教育旅游外，禁止其他开发建设。上述规定为国家公园体制赋予了更为清晰的角色定位，在一定程度上提升了国家公园在生态文明制度体系中的站位，并且强调了国家公园与现有各类保护地如何衔接以及彼此区别等重要内容，即国家公园体制是在打破"九龙治水"困局的前提下，通过创新保护体制和机制以重组和发挥保护地功能，建立一种更为严格的保护地类型，有利于实现更好的保护效果，因此，建立国家公园体制标志着自然保护地领域走上"破与立"之路。

在上述国家政策的强烈要求和保护地建设如火如荼的背景下，2017 年 9 月《总体方案》的出台切实顺应了顶层设计的需求，其作为指导国家公园体制建设的专门性文件，延续了已有文件的改革精神，成为指导国家公园实践的行动指南。在具体内容上，"国家主导、共同参与"的基本原则、"全民公益性"的理念、"社会参与管理"的管理机构职责和社区共管机制等设定，与国家治理中保护人民权利、通过政府和社会互动实现共治等概念和路径相契合。可以说，国家公园体制建设作为内生于我国国家治理命题下的领域实践与创新，继承了治理的基本模式和思路，但同时为了兼顾国家公园保护大面积生态系统原真性和完整性的设立目标，以及国家公园所承担的破除分头管理的历史任务，提出以建立统一事权、分级管理体制为基础，发挥政府尤其是中央政府承担公共服务职能的特殊要求，并且因循合理配置政府权力是提高国家公园治理效能的具体途径。随着建立国家公园体制重要性的不断凸显，以及建设实践的日趋完善，国家公园体制建设最终被写入党的报告之中。2017年10月党的十九大报告《决胜全面建成小康社会 夺取新时代中国特色社会主义伟大胜利》是指导我国把握战略机遇期、迎接历史转折点的最高国家指示。党的十九大报告将人与自然和谐发展作为目标，将生态文明建设成效作为衡量改革工作成效的标准之一，在内容设置上为了进一步突出体现国家公园的重要性，首次提出建立"以国家公园为主体的自然保护地体系"的要求，明确赋予了国家公园在自然保护地体系中的绝对优势地位。这种提法不仅预示着国家公园取代自然保护区占据了自然保护地体系的主体地位，极大地推动了国家公园的建设进程，而且意味着国家公园体制改革尤其是权力配置的治理经验将成为未来自然保护地的通行做法，与自然保护地体系的改革效果息息相关。在此基础上，2019年6月《关于建立以国家公园为主体的自然保护地体系的指导意见》的出台进一步规范了自然保护地体系的总体布局。该文件从总体要求到保护、管理和监督等相关内容与《总体方案》呈现出一般与特别的关系，其中关于自然保护地领域整体保护的思路和路径设计，再次肯定了央地协同、社区治理和共同治理等保护模式，是国家公园治理中的权力配置所必须满足的治理特征和构成要件。在国家公园政策设计和建设实践不断深入的背景下，2022年党的二十大报告关于以国家公园为主体的自然保护地体系的表述从"建立"改为"推进"，表明了我国对国家公园建设的坚定决心和整体方向。

综观我国国家公园政策循序渐进的制定过程，内容设计围绕着"引入—确定—架构"的步骤阶段性地有序推进，截至2024年，已经对国家公园体制改革形成了较为清晰的构建蓝图。通过研究相关政策中对国家公园体制改革的实现路径，可以总结出政府主导、央地协同和多元参与的治理模式是国家公园体制改革的重要内容，也是权力配置的关键所在。因此，伴随着体制改革、治理和权力之间相辅相成的密切联系，国家公园体制改革实际上将围绕权力配置这一核心问题展开，进而服务于国家公园治理的全局。

二　国家公园的法律定位

不论是"国家公园体制改革"还是"国家公园治理"的提法，在依法治国的大背景下都必须遵循有法可依的基本要求，应当通过对国家公园基本属性进行分析，在现行法律体系中找到对应的法学概念，作为后续由国家公园治理中所延伸的权力配置的理论基础。国家公园作为一种新兴事物，若要明确界定国家公园的法律定位，必须通过梳理国家公园的概念、理念、基本原则和目标的方式导出其基本特征，从而在现有法律体系中进行概念适配。国家公园是指由国家批准设立并主导管理，以保护具有国家代表性的自然生态系统为主要目的，实现自然资源科学保护和合理利用的特定区域。[①] 从具体内涵来看，国家公园以实现国家所有、全民共享、世代传承为目标，遵循科学定位、整体保护、合理布局、稳步推进、国家主导、共同参与的基本原则，以生态保护第一、国家代表性和全民公益性为设立理念。[②] 通过对规范性文件进行解析，可以归纳出涉及国家公园法律定位的三大特点：其一，国家公园以保护自然生态系统、自然资源和自然景观等为主要设立目标；其二，为了实现全民共享的目标，国家公园为公众提供亲近、体验、了解自然的机会，将保障公民享有美好环境权利作为最终目的；其三，国家公园的设立模式和管理体制是由国家确立并主导管理的。经过将国家公园的三大特征与现有法律体系中的名词概念进行对照，发现行政法中的"公物"概念涵盖了国家公园的全部要素，因而可以运用"公物"的相关理论对国家公园进行对应性研究。

"公物"概念最早起源于罗马法，即为公共目的而使用的财产，以法国和德国为首的大陆法系国家继承了"公物"这一概念，并结合本国的立法模式和立法传统分别称为"公物"与"公产"。但对于我国而言，《民法典》（原《物权法》）中有关国家所有权和集体所有权的规定，已经间接认可了公物在我国法律体系中的作用，由此，"公物"成为我国行政法律体系中的重要概念。行政法上的公物是指为满足公用目的需要，依

[①] 参见《关于建立以国家公园为主体的自然保护地体系的指导意见》第2条、《国家公园法（草案）（征求意见稿）》第3条、《国家公园法（草案）》第2条。

[②] 参见《建立国家公园体制总体方案》第1条、第2条，《国家公园法（草案）（征求意见稿）》第1条、第4条，《国家公园法（草案）》第1条、第4条。

据公法规则确立的,供公众使用或受益的财产。具体来说,以公共利益为理论支撑的公用目的是公物存在的法律动因,根据公法规则确立以及可被支配和利用的财产价值属性是确保公物公用目的实现,进而保障公众用益权的途径。① 由于学术界一直存在"公共用公物""公众用公物"和"公众共用物"等与公物相关的概念,在此宜对名词做出解释和对比分析,以便于后续精准定义国家公园。一般来说,公共用公物是公物按照直接使用人进行的二次分类,即指为增进和保障公共福利而由行政主体提供或管理的,供公众使用的物。② 公众用公物是按照公物使用目的进行分类的结果,指直接提供公众使用之物以满足公众的使用目的。③ 而公众共用物是指公众可以自由、直接、非排他性享受的东西。④ 虽然三者都具备满足公众使用的公益目的,但在使用主体、程度和物的状态等方面均存在差异性。具体来说,其一在于公民使用和支配的程度不同。为了防止过度或者不当利用公物造成整体效益减损的后果,公共用公物的使用取决于行政主体的提供范围;公众用公物的使用依旧受限于提供;公众共用物可以不受拘束地自由且直接地获取。其二在于物的所有权状态不同。公共用公物、公众用公物作为公物的下位概念,均具有明确的所有权权属,依据主体不同主要分为国家所有、集体所有和私人所有,而公众共用物则不具备所有权权属性质。

在对易混淆概念进行厘清的前提下,综合运用排除法和代入法明确国家公园的法律定位。首先,国家公园作为集合环境、资源和生态的统一体,具备环境支持、资源供给和生态服务三大功能,是生态文明建设背景下维护公共利益的代表,符合公益目的的表述。其次,国家公园虽然具有保护生态系统,进而维护公众环境权的目的,但是鉴于国家公园保护对象具有"最重要、最独特、最精华和最富集"的多重限定,故公众只能遵循功能分区的划定,在特定区域从事特定的活动,无法自由且不受拘束地享有国家公园的全部效益,故国家公园不属于公众共用物。再次,政府对国家公园实施行政管理权具有现实必要性。国家公园的设立不仅需要维护单个公民的基本权利,更应当站在国家发展和社会稳定的全局,运用长远

---

① 应松年主编:《行政法与行政诉讼法学》(第二版),中国人民大学出版社2009年版,第102—103页。
② 张杰:《公共用公物权研究》,法律出版社2012年版,第26页。
③ 侯宇:《行政法视野里的公物利用研究》,清华大学出版社2012年版,第61—63页。
④ 蔡守秋:《公众共用物的治理模式》,《现代法学》2017年第3期。

眼光维护最广大人民的根本利益。在国家公园是由国家设立和主导管理的政策明示下，政府作为有义务代表国家对国家公园进行管理和规划的行政主体，将实现国家公园保护效果最优化作为行使行政管理权和分配权的标准，那么在一定程度上限制公民使用权成为必然选择。[①] 因而在证明赋予政府行政管理权具有合法性和合理性的同时，也解释了公众使用国家公园受限的缘由。最后，对国家公园内自然资源进行确权登记，划清全民所有和集体所有是国家公园保护与管理的必要前置程序，政府作为国家代表当然有权行使全民所有自然资源所有权。基于此，通过对国家公园特征进行逐一比对，将国家公园视为公共用公物的具体表现形式，是将政策性话语转变为法学概念的必经过程，有益于为下文国家公园治理提供法律概念和理论体系的支持。

三 国家公园治理的现实样态

考察国家公园治理现状的意义在于检验政策设计与实施效果之间的差距，以便于指明国家公园精准治理和后续修正的方向、圈定制定国家公园专门性法律的重点内容。国家公园治理大致因循"政策预设—地方试点—制定法律—指引实践"这一应然与实然不断交替往复的互动过程，由此国家公园的治理现状应当重点落脚于国家公园试点在实际运作中的成效与不足。

实践先行是我国改革的一大特点，国家公园作为生态文明体制建设的改革重点，同样采取试点先行的模式以积累经验。我国自 2015 年 6 月启动国家公园体制试点以来，先后建立了三江源、武夷山、神农架、东北虎豹和海南热带雨林等十个国家公园试点。在 2015—2020 年这五年的地方试点建设过程中，虽然国家公园体制建设的基本框架已经建立，体制重难点也已经基本显露，并且各类解决机制正在持续探索和稳步推进，但在 2020 年国家公园试点工作的收官之年，试点验收的评估结果尚未达到预期，地方试点未能完成体制创新的任务。即使习近平主席在《生物多样性公约》第十五次缔约方大会宣布第一批正式建立的五个国家公园名单，标志着我国进入国家公园体系正式建立阶段，但是体制机制等问题依旧严重制约着国家公园治理效能的有效发挥，将在未来很长一段时间内成

[①] 蒋飞：《社会治理视域下公物行政权的法治解构》，《山东科技大学学报》（社会科学版）2018 年第 6 期。

为国家公园体制建设的核心所在。综观国家公园治理的全部内容和整体流程，其核心矛盾依旧聚焦于人地冲突，各类利益关系相互博弈，而衡量国家公园治理成功的标准是在有效保护自然资源和生态系统的同时，维护好当地居民和周边社区的经济利益，建设生态保护、绿色发展和民生改善相统一的高质量国家公园。在对比预设目标和实际效果的差距中，我们发现我国国家公园治理存在进度缓慢或者严重受阻的问题，主要表现为以下五个方面。

第一，管理机构虽然已经建立，但是无法充分履行管理职责。国家公园管理机构的建立分为中央和地方两个层面，形成了"国家公园管理局+各国家公园管理机构"的层级设置。根据 2018 年公布的国家林草局"三定方案"显示，国家公园管理局作为各国家公园管理机构的上级机关，统管全国范围内国家公园的设立、规划和管理等工作，各国家公园管理机构作为具体执行机构，截至 2024 年 6 月虽然已经在形式上完成了设立统一管理机构的任务，但是管理机构的属性尚未统一。鉴于多数国家公园管理机构正处于设立和完善阶段，因此选取试点期间已经设立的国家公园管理机构作为样本，旨在展示机构设置可能存在的问题，目前大致可以分为三类。第一类，作为国家林草局派出机构的国家公园管理机构，属于行政机构。东北虎豹、大熊猫和祁连山国家公园正是依托国家林草局专员办成立了相应的国家公园管理局。第二类，作为省政府派出机构或者组成部门的国家公园管理机构，属于行政机构。三江源、海南热带雨林国家公园管理局均由省政府垂直管理，三江源国家公园管理局是省政府的派出机构，而海南热带雨林国家公园管理局由海南省林业局加挂了国家公园管理局的牌子。武夷山国家公园管理局由江西省和福建省人民政府与国家林草局双重领导，以省政府管理为主，省林业局直接领导。第三类，由省政府垂直管理的国家公园管理机构，实际上由省政府组成部门或者下级政府代管，在性质上有些是行政机构，也有些是事业单位。比如钱江源国家公园管理局作为行政机构，由浙江省林业局代管；香格里拉普达措国家公园管理局划归云南省林草局垂直管理，是参公管理的事业单位；神农架国家公园管理局委托湖北省神农架区人民政府代管，是事业单位。细言之，十个国家公园管理机构不仅在性质上分为行政机关、参公管理的事业单位和事业单位这三种，而且其上级机关也包含国家林草局、省政府、省林业厅和地方政府这四类。① 这种混乱的机构设置明显达不到机构改革的实质要求，直接引发了管理不能的不利后果。一方面，当国家公园管理机构直接由地方管理时，在信息不对称和监管乏力的情况下，按照我国"由谁设立、对谁负责"的惯例，由地方设立和管理的国家公园管理机构将陷入"激励不相容"和"地方俘获"的境地，做出生态保护让位于经济发展的选择。这不仅损害了国家公园全民公益性的自然基础，也无法满足包含生态、文化、艺术等多元价值在内的美好生活诉求。② 另一方面，管理职责划分以机构设置为前提，如今尚无统一的机构设置，难以改变自然保护地分头管理和职责划分不清等历史遗留问题。对于生态类权力的归属主体，除了国家公园管理机构概括性地拥有国家公园管理权以外，林业、农业和水利等自然资源主管部门依据《草原法》《渔业法》《森林法》等环境资源单行法律的授权，事实上形成共享国家公园内自然资源管理权的情形，增加了职责分工和协作机制的难度，从整体上直接影响了机构管理职能的统一发挥。

第二，综合执法权力分散，难以应对管理需求。国家公园设立初期的执法权由专门保护森林及野生动植物资源、保护生态安全、维护林区治安秩序的森林公安行使，其作为国家林草局的职能机构和公安部的业务部门，为管理国家公园提供了强有力的执法保障。但是随着党中央机构改革决定的出台以及自然保护地生态环境监管工作的开展，国家公园的执法格局发生了变化。一方面，随着机构改革的调整，森林公安整体转隶公安部，由公安部实行统一领导管理，只在业务上接受林草部门的指导。③ 虽然这顺应了"警归警"的趋势，但是国家公园管理机构与森林公安之间关系的转变，使得国家公园管理机构不再拥有对森林公安的直接管理和领导权，这必将对国家公园的执法实效产生一定影响。另一方面，虽然国家公园管理机构隶属于自然资源部，但是对于国家公园保护和管理的具体事项而言，离不开其与生态环境部的配合与分工。目前为了切实履行自然保护地生态环境的监管职能，国家接连下发《生态环境保护综合行政执

---

① 秦天宝、刘彤彤：《央地关系视角下我国国家公园管理体制之建构》，《东岳论丛》2020年第10期。

② 王社坤、焦琰：《国家公园全民公益性理念的立法实现》，《东南大学学报》（哲学社会科学版）2021年第4期。

③ 《国家林草局森林公安局转隶公安部》，国家林草局网站，http：//www.forestry.gov.cn/main/72/20191231/091719455542567.html，2020年8月1日访问。

法事项指导目录》（2020年版）、《自然保护地生态环境监管工作暂行办法》等中央文件，最为显著的影响在于国家公园内执法事项的限缩，即从初始的全部囊括，到如今将查处国家公园内非法开矿、修路、筑坝、建设等造成生态破坏和违法排放污染物等严重破坏生态环境行为的执法权移交地方生态环境部门，可以说是对国家公园内执法权力的分化。

第三，特许经营制度的相关问题尚未得到及时确认。特许经营制度作为一项具体制度，是生态保护类和资源利用类两项制度相结合的产物。特许经营是在保护国家公园自然资源和生态环境的基础上，按照国家公园的管理目标，依法经授权后在政府管控下开展的经营活动。特许经营制度作为一项政策优惠吸引了国家公园内和周边社区居民实际参与国家公园建设，借助其营利性特征减少生态利益与经济利益之间的差值，保证公民整体利益不被减损。该制度既是回应国家公园科教和游憩等综合功能的建设需求，也是贯彻公众参与国家公园保护和管理的有效尝试。但鉴于体制改革中有关特许经营的管理权归属和具体内容等核心部分尚未得到有效规范，故特许经营现状与设计初衷存在一定差距。其中最为显著且首要的问题在于具备特许经营管理者身份的主体呈现多元化特征，管理者基于差异化的利益诉求将产生不同授权行为。虽然已经出台的规范性文件均将特许经营管理列为国家公园管理机构的职责之一，但是这种缺乏法律授权的规定很难改变已经形成的多主体并存局面。经过对十个国家公园试点进行统计，发现有权主体主要有两类，第一类是原有各类自然保护地的管理部门。尽管国家要求以国家公园为主体，整合其他类型的自然保护地，但国家公园仅是对风景名胜区和自然保护区等最核心的区域进行整合。因而在原有各类自然保护地管理部门具有存续必要性的前提下，造成特许经营权并未让渡给国家公园管理机构的现象。[①] 第二类是地方政府或者相关行政职能部门。由于地方政府追求经济发展的逐利动机，倾向于选择更具有经济效益的特许经营项目，这与国家公园资源保护的设立宗旨相违背。这种多元主体现象所引发的特许经营管理职能交叉不仅会降低行政效率，而且会增加企业负担。在特许经营的管理权和经营权分离后，企业作为经营者需要与作为管理者的政府签订特许经营合同，其中存在的问题是，不仅在

[①] 陆建城、罗小龙、张培刚等：《国家公园特许经营管理制度构建策略》，《规划师》2019年第17期。

合同签订过程中无法确定具有合法代表资格的主管部门，而且在事后违约处理中也难以确认法律责任承担部门，从而增加了受许企业的经营风险，最终引发政府信任危机。① 因此，国家公园管理机构、地方政府以及职能部门对国家公园内特许经营项目的审批、监督和财务管理等权力的分配将直接影响特许经营体系的绩效，而特许经营管理权之间的博弈仅仅是国家公园治理中管理机构权力配置困局的缩影。

第四，国家公园资金保障机制尚未健全，投入和统筹力度亟须加强。虽然2022年出台的《关于推进国家公园建设若干财政政策的意见》明确了国家公园财政保障的总体要求，即构建投入保障到位、资金统筹到位、引导带动到位、绩效管理到位的财政保障制度，建立健全政府、企业、社会组织和公众共同参与的长效机制，但是从实现主要目标的预定时间来看，目前距离基本建立以国家公园为主体的自然保护地体系财政保障制度还有很长一段路，缺乏稳定和充足的资金来源以及明确的投入机制，已经直接影响到国家公园管理机构尽职履责。首先，中央政府尚未建立起专门的国家公园资金投入渠道。依照《中央对地方专项转移支付管理办法》和《财政专户管理办法》等规范性文件以及2020年最新修订的《预算法实施条例》这一行政法规的精神，为了进一步完善专项转移支付制度、规范财政专户，我国规定了严格且复杂的申请和审查程序，国家公园作为新兴事物，为其设立专项资金存在技术和时间等客观因素的限制。在此情形下，中央财政对各国家公园的资金支持只能退而通过加大国家发改委中央预算内的文旅提升投资、财政部的一般性转移支付和林业草原生态保护恢复资金等原有相关资金投入力度的方式。② 比如作为中央垂直管理的东北虎豹国家公园主要依靠"天然林保护工程"的财政专项资金来支持国家公园建设；③ 又比如三江源国家公园主要依靠中央对三江源生态保护二期工程的预算投资。④ 很显然，缺乏中央

---

① 张海霞：《中国国家公园特许经营机制研究》，中国环境出版集团2018年版，第52页。
② 欧阳志云、徐卫华、臧振华：《完善国家公园管理体制的建议》，《生物多样性》2021年第3期。
③ 陈雅如、韩俊魁、秦岭南等：《东北虎豹国家公园体制试点面临的问题与发展路径研究》，《环境保护》2019年第14期。
④ 青海省发展和改革委员会：《青海重点区域生态保护和修复工程2020年落实中央预算内投资9.7亿元》，http://fgw.qinghai.gov.cn/xwzx/fgxx/202007/t20200728_74957.html，2020年8月5日访问。

专款专用保障的国家公园存在很大的资金缺口，直接制约了国家公园保护和管理工作的推进。其次，地方财政不愿且无力承担国家公园的资金投入。从主观上说，地方财政偏重投入具有显性效果的经济发展类项目，而怠于投入如国家公园等成本高昂且见效周期长的环境治理类项目。从客观上说，国家公园所处地区的地方政府大多财政实力相对薄弱，只能维持最基本的机构运行，难以额外留有加强国家公园建设和管理的资金储备。① 与此同时，按照《关于进一步规范地方国库资金和财政专户资金管理的通知》的要求，各级财政部门一律不得新设专项支出财政专户，开立其他财政专户的，要严格执行相关规定的开立条件和程序。可见，地方政府为国家公园设置财政专户的做法存在合法性问题，② 只能沿袭中央做法加大对其他相关项目的投资，这也为地方财政资金分配和使用的随机性留下空间。最后，来自国际自然保护组织、国内民间团体和个人的社会投资以及国家公园内的服务经营性收入由于缺乏激励机制和管理措施，尚未形成规模化的资金来源。

第五，公众参与机制尚未得到有效运行。公众参与机制作为落实国家公园公益性原则的方式，是国家公园探索良性保护与高效管理的途径，需要从实质和程序两个层面保障国家公园建设中各项公民权利的实现，但目前公众参与机制尚未有效融入国家公园管理体制，难以取得预期效果。首先，社区共建机制作为体现公众参与的具体形式，旨在引导国家公园周边社区居民的生产生活方式与当地生态系统相融合。虽然国家公园建设积极探索设立生态管护公益性岗位、签订管护协议和领办生态保护项目等多种途径，但由于资金筹措、组织建设和基础设施建设等保障措施，以及产业政策和减免税费等优惠政策尚未落实，③ 社会共建机制难以真正实现管理参与、志愿参与和监督参与。与此同时，当地居民承担的保护成本与收益分配失衡，难以维护当地居民的生存正义。为了实现严格生态保护的要求，国家公园执行土地流转和生态搬迁等政策，但由于生态补偿机制和生态移民方案等配套措施的失灵，导致当地居民丧失生产资源和生存空间的

---

① 邱胜荣、赵晓迪、何友均等：《我国国家公园管理资金保障机制问题探讨》，《世界林业研究》2020年第3期。
② 王社坤、吴亦九：《生态环境修复资金管理模式的比较与选择》，《南京工业大学学报》（社会科学版）2019年第1期。
③ 苏海红、李婧梅：《三江源国家公园体制试点中社区共建的路径研究》，《青海社会科学》2019年第3期。

风险直接转化成未能获得合理资金补偿等实际后果。① 其次，在国家公园管理和规划过程中，信息公开制度作为影响公众参与意愿的程序性制度，有利于弥合信息不对称所带来的治理缺陷。由于信息公开程度不高以及公众意见反馈渠道不畅通等因素，公众的知情权和参与权受到严重阻碍，造成国家公园管理机构在日常管理决策中欠缺对公民利益诉求考量的现象，轻则影响决策结果的公平公正，重则诱发群体性事件。最后，社会公众缺乏参与国家公园保护和管理的有效程序。国家公园作为生态空间所发挥的提高社会公众认同感和归属感的教育作用，以及其作为经济社会空间所承担的保障当地居民生活福祉的发展任务，都需要国家公园全面建立公众意见的征求渠道，但实际却相距甚远，这极大地折损了公民的空间权益。

综上，从政策、法律和现实三个层面对国家公园治理进行不同角度的分析，梳理国家公园政策的演进脉络，不仅对国家公园治理的整体框架和重要内容有了清晰认识，而且明确了国家尤其是中央政府在国家公园治理中的关键作用，从而提出调整国家公园体制改革中权力关系的要求。同时，为了进一步增强政策的权威性和指导性，将国家公园定位于行政法中的"公共用公物"，有利于运用法学研究中有关公共用公物的基本理论为国家公园治理提供法律依据。按照理论反哺实践的逻辑顺序，以国家公园管理机构的管理行为和治理结果为考察对象，发现既有机构设置的先天不足，又有因权力配置不当而呈现出各类管理效果欠佳的表象，亟待进一步明确引发国家公园治理乱象的主线。

第二节　央地权力配置的主要内容

央地权力配置作为任何领域在治理过程中必须面对的重要课题，是事关治理成败的直接要素，只有通过静态权限划分和动态职能配置相结合的方式，才能确保权力配置的合理性和正当性。国家公园作为新兴治理领域，要想对央地权力配置做特殊性分析，必须首先回归至央地权力配置的基础性内容，即其理论基础、一般原则、法律规定和实践问题这四部分，从而为研究国家公园这一特定场域下央地权力的合理配置提供一般性依据。

---

① 鲁冰清：《论共生理论视域下国家公园与原住居民共建共享机制的实现》，《南京工业大学学报》（社会科学版）2022 年第 2 期。

研究央地权力配置的前提必须首先明确"中央"与"地方"的指代对象，我国学术界对于"中央"和"地方"的指代对象尚存较大争议。以中央为例，既包括全国人大及其常委会、中央军委、国务院、国家监察委员会、最高人民法院和检察院，也包含具有政治意义的中共中央、全国政协等。[1] 本书无意从法释义学角度深入讨论中央和地方的内涵和外延，故在此结合《宪法》第3条第4款有关中央和地方国家机构职权划分的规定，以及本书的研究对象——国家公园治理，认为中央包含全国人大及其常委会、国务院以及组成部门、中央军事委员会、最高人民法院和最高人民检察院，而中央政府则指国务院及组成部门。

一 央地权力配置的理论支撑

权力配置通常与规制和治理等研究话题相连接，换言之，如果说规制理论尤其是政府规制理论证明了政府占有权力的必要性，那么治理理论则通过论证政府权力配置的合理性来弥补政府规制理论的不足，为此将目前已臻成熟的规制理论和治理理论作为研究基础是应有之义。与此同时，凡是涉及央地权力的配置问题都离不开对于中央与地方之间权力配置方式的讨论，故委托代理理论成为分析央地政府间关系的基本理论工具。

（一）规制理论

规制一词源于英文"regulation"，中文将其翻译为"规制、管制、监管和管理"，其中，市场失灵和政府的矫正措施是规制经济学最早的研究主题，其主要关注国家或者政府在通过规制纠正市场失灵过程中的作用。随着规制实践的不断发展，有关规制主体、规制对象、规制手段以及规制效果等问题得到了更深层次的探讨，在此基础上形成了规制的经典定义，即规制是指公共机构对社会群体重视的活动所进行的持续集中的控制。[2] 这不仅揭示了规制作为一种当代政策工具的核心要义在于指导或调整行为活动，以实现既定的公共政策目标，[3] 而且将规制主体从政府扩展至公共机构、行业协会和私人等，同时将规制手段从制定法律和政策等增

---

[1] 郑毅：《论我国宪法文本中的"中央"与"地方"——基于我国〈宪法〉第3条第4款的考察》，《政治与法律》2020年第6期。

[2] Philip Selznick, *Regulatory Policy and the Social Sciences*, University of California Press, 1985, p. 363.

[3] ［英］科林·斯科特：《规制、治理与法律：前沿问题研究》，安永康译，清华大学出版社2018年版，第4页。

加至一切有利于实现规则之治的方式。按照规制主体的属性进行划分，可以相应地将私人和社会公共机构划分成"私人规制"和"公共规制"，在公共规制之下，又可以依据规制对象的不同进一步细分为经济性规制和社会性规制。前者是指政府在约束企业定价、进入与退出等方面的作用，主要针对自然垄断和信息不对称行业的规制；后者针对外部不经济和非价值问题，是以保障劳动者和消费者的安全、健康、卫生以及保护环境和防止灾害为目的，对物品和服务的质量以及相关活动制定标准，并禁止、限制特定行为的规制，主要包括环境规制、健康规制和安全规制等。[①] 目前我国正处于放松经济性规制、加大社会性规制的变迁历程中，政府作为公共规制的代表，是执行规制的重要主体，因此，研究政府规制的方式以及政府在监督与执行规则过程中的作用，更有利于考察规制的相关内容。

政府规制是经济学、政治学和法学等学科的重点研究领域，各学科基于不同的研究视角对规制经济行为、政治原因和法律制定之间的关系进行了深入分析。经济学为其他学科的研究奠定了政府规制的原因、领域、成本收益分析等知识基础；政治学揭示了非经济性原因对规制行为的影响性因素；法学形成了关注行政程序、立法安排和规制者规制等内容的行政法学，法律作为规制存在的外在表征，是规制的来源与依据。[②] 政府规制过程的第一步就是规制立法，即明确政府规制机构的法律地位、规制机构的权力和职责范围、规制政策的总体目标和基本内容。[③] 政府规制权力的取得来自法律授权，是政府进行规制行为的前提和保障，就具体规制领域而言，环境规制作为社会性规制的典型场域，是政府规制的重要方面，因此赋予政府环境规制权力是实现环境保护目标的必然途径。[④]

（二）治理理论

治理理论兴起于 20 世纪 90 年代，脱胎于公众日益增长的公共需求与政府有限性矛盾日益显现并且日趋尖锐的背景下，是为拯救政府失灵和市

[①] ［日］植草益：《微观规制经济学》，朱绍文、胡欣欣等译校，中国发展出版社 1992 年版，第 22、27 页。

[②] 黄新华：《政府规制研究：从经济学到政治学和法学》，《福建行政学院学报》2013 年第 5 期。

[③] 苏晓红：《我国政府规制体系改革问题研究》，中国社会科学出版社 2017 年版，第 28 页。

[④] 张宝：《环境规制的法律构造》，北京大学出版社 2018 年版，第 4 页。

场失灵双重困境的新型理论。著名规制与治理研究学者科林·斯科特教授指出，治理主体包括政府和各种非政府主体，强调国家与非国家之间的相互作用，以实现相应的行政任务。① 除此之外，有关治理含义的经典观点主要来自全球治理委员会1995年发表的《我们的全球伙伴关系》②、R. A. W. 罗茨的《新的治理》③ 以及格里·斯托克的《作为理论的治理五个论点》④ 等，根据寻求最大公约数的思想，可以归纳出治理理论的几大特点：①治理主体不限于政府，还包括公共机构和私人等多类主体；②治理对象分布于公共行政事务领域；③治理过程是运用权力、工具和技术来达到平衡利益和调和冲突的目标。可以说，治理是在公共行政服务领域通过多元主体构建起公私交融的治理方式，⑤ 既在理论层面突破了传统政府与市场、公与私的二分法模式，又在实践层面提供了解决政府单一主体依靠命令控制型手段"不能"的方案。虽然治理理论提供了新的研究范式，但是必须正视发生"治理失灵"的可能性，为此提出了善治理论。对于实现善治的衡量标准，既有实现公共利益最大化的结果论；⑥ 也有以行政性政府组织、营利性企业组织和非政府非营利组织三者对社会生活的合作管理，形成政治国家与公民社会伙伴关系的过程；⑦ 还有运用科学、法律和道德等手段的方法论。⑧ 可以说，善治作为治理的最高标准，是在已有的治理框架下通过资源的最优配置，保证公众享受更多更好的公共产品和公共服务，从而实现公共利益的最大化。

在国家和社会整体进入治理时代的大背景下，权力作为实现治理效能的核心方式也将随之进行重新配置。为了实现更好的治理效果，善治理论突破了政府一元论的局限，要求实现多元治理主体之间的分工合作、相互配合，最大限度地激发各主体的积极性。与之相应的需要国家权力向社会

---

① ［英］科林·斯科特：《规制、治理与法律：前沿问题研究》，安永康译，清华大学出版社2018年版，第4页。
② 全球治理委员会：《我们的全球伙伴关系》，牛津大学出版社1995年版，第23页。
③ ［英］R. A. W. 罗茨：《新的治理》，木易编译，《马克思主义与现实》1999年第5期。
④ ［英］格里·斯托克：《作为理论的治理五个论点》，华夏风译，《国家社会科学杂志》（中文版）1999年第1期。
⑤ 梁莹：《治理、善治与法治》，《求实》2003年第2期。
⑥ 俞可平主编：《治理与善治》，社会科学文献出版社2000年版，第3页。
⑦ 蔡守秋：《善用环境法学实现善治——治理理论的主要概念及其含义》，《人民论坛》2001年第5期。
⑧ 虞崇胜：《中国国家治理现代化中的"制""治"关系逻辑》，《东南学术》2020年第2期。

回归，要求权力在国家和社会之间进行最佳配置。① 政府作为承担公共产品与公共服务供给职能的唯一主体，掌握着绝对的行政权力，虽然多元共治是治理的主要特征和发展趋势，但是政府在治理领域中所占据的主导地位毋庸置疑，因此，是否合理配置政府内部纵向权力直接关系到治理效果。

（三）委托代理理论

最早研究委托代理问题的学者当数亚当·斯密，其已经洞察到股份公司及其经理人员在利益追求上的差别以及经理人员背离公司利益的情形。② 但真正明确提出委托代理理论概念的是史蒂芬·A. 罗斯，他认为：当一方代表另一方的利益行使某些决策权时，双方当事人便形成了委托代理关系。③ 委托代理理论的内涵是将理性经济人、委托代理双方存在利益冲突和信息不对称作为假设前提，通过激励相容和参与约束条件下设计出最优契约的形式，将解决代理人问题（委托代理双方存在的目标函数差异和委托人无法监督代理人行为）和风险分担问题作为分析逻辑，并且在此基础上形成了只有一个委托人和从事一项任务代理人的基本委托代理模型。④ 然而，为了回应不断变化的现实问题，作为强有力分析工具的委托代理理论也随之放宽了适用条件，形成了多阶段、多任务、多代理人、多委托人这四种委托代理模型，分别涉及重复多次委托代理关系下隐性激励的适用、多个委托任务的特性及其相互影响、多个代理人的相互关系、多个委托人的共谋行为等情形，为研究和解决各种条件下的委托代理问题提供了多样化的指导方案。

尽管委托代理理论经常被用来分析私人部门之间的经济关系，但是国家组织之间已经具备了现代经济学意义上的委托代理关系，是政治领域适用委托代理治理模式的天然场域，将其运用于分析对公众负责的立法机关和行政机关是应有之义。⑤ 从应然角度看，我国已经形成了由公众、中央

---

① 石佑启、陈咏梅：《法治视野下行政权力合理配置研究》，人民出版社 2016 年版，第 53—54 页。

② ［英］亚当·斯密：《国富论》，孙善春、李春长译，中国华侨出版社 2011 年版，第 214 页。

③ Stephen A. Ross, "The Economic Theory of Agency: the Principal's Problem", *American Economic Review*, Vol. 63, No. 2, 1973.

④ 胡涛、查元桑：《委托代理理论及其新的发展方向之一》，《财经理论与实践》2002 年第 S3 期。

⑤ Sidney A. Shapiro & Rena I. Steinzor, "The People's Agent: Executive Branch Secrecy and Accountability in an Age of Terrorism", *Law & Contemp. Probs.*, Vol. 69, No. 3, 2006.

政府和地方政府组成的委托代理关系,这可以在既定制度结构下的政治市场运作以及公共选择过程中得以验证。具体来说,一方面,三者之间的目标函数和利益诉求存在差异性。政治集权和地方分权并存所造成的央地政府偏好差异已经成为普遍现象,以环境领域政策供给市场为例,中央政府强调社会发展与生态环境相协调,而地方政府则由于环境治理高昂的经济周期而怠于进行环保投资,① 这将不可避免地产生央地政府决策行为的偏离。另一方面,三者之间存在信息不对称现象。拥有信息优势的代理人为追求自身利益最大化而故意隐瞒信息,这与地方政府基于地域优势而获取在收集信息方面的信息控制能力,却出于地方利益考量选择隐瞒的行为相一致。从实然角度来看,我国的国家组织是韦伯所设计的具有专门化、权力等级、规章制度和非人格化四大基本特征的组织结构,② 在现行的行政管理体制中不仅上下级政府之间存在明确的监督和控制关系,而且职权的行使必须严格遵循法律法规和规章制度的规定,属于典型的科层制组织。因此,委托代理理论作为能够分析央地政府间由于利益诉求不同而产生行为差异的制度工具,解释了中央政府作为委托人将权力下放给地方政府的必要性,以及中央政府出于制约地方政府所产生的管理权力,为后续如何进行央地权力配置才能实现国家公园治理效能最大化提供了分析框架。

二 央地权力配置的一般原则

央地权力配置的一般原则是任何领域配置央地权力所必须遵循的行事准则,确定一般原则需要全方面地考虑政治体制、法律规定、政府实施能力和效果等多种因素,才能确保原则的普适性和实用性。以《宪法》第3条第4项有关央地权力划分的规定为规范基础,即遵循在中央统一领导下,充分发挥地方主动性、积极性原则,可以将央地权力配置的一般原则确定为集权与分权相平衡原则、权力法定原则以及效率公平原则。

(一) 集权与分权相平衡原则

中央集权是指中央政府拥有绝对决策权,在地方政府以及整个社会的

---

① 侯佳儒:《论我国环境行政管理体制存在的问题及其完善》,《行政法学研究》2013年第2期。

② 宇红:《论韦伯科层制理论及其在当代管理实践中的运用》,《社会科学辑刊》2005年第3期。

协调和控制中具有重要地位和作用。① 从一个国家现代化的发展脉络来看，实行权力高度集中的中央集权是国家发展过程中的必然选择。不论是建立资本主义市场经济体系、实现资本原始积累的西欧国家，还是经历民族运动实现国家独立的第三世界国家，在统一市场、建立国家的进程中都选择了以中央集权的形式实现经济发展和政治稳定的目标。这种运用单一、理性和全国性政治权威进行国家建设的中央集权被亨廷顿认为是进入国家现代化的第一步，进一步扩大集权体系的权力，使体系更具效能是第二步，而权力的分散才是第三步。② 鉴于中央集权在集中全国力量与资源以应对风险和化解危机方面的绝对优势，部分国家将中央集权作为国家建构体制的指导思想，形成了中央政府在央地关系中对地方实行强有力的统帅、指挥与领导的局面。

地方分权是相对于中央权力对全国各地事务的绝对控制而言的，要求地方能够拥有决定和管理地方事务的权力，其中蕴含的地方自治这一核心思想被看作民主政治的重要体现。不论是西方国家坚持的地方权力固有说，还是单一制国家推崇的地方权力让与说，虽然对于地方权力来源的认识不同，但是都肯定了地方分权的合理性。为了兼顾权力在中央与地方之间集中与分散的重要性，消除极端中央集权和地方分权带来的弊端，中央与地方政府应当在协调分工的合作关系下，实现集权与分权的动态平衡。我国实行的民主集中制是在民主基础上的集中和集中指导下的民主相结合的制度，既要充分发挥民主，又要善于统一集中。这在央地权力配置上要求中央与地方政府在进行适度分权的同时，将应当由中央集中统一行使的权力收归中央政府，并且在集中指导下赋予地方必要的权力，这就是我国央地权力配置所应当遵循的集权和分权相平衡原则。③

(二) 权力法定原则

法治是现代国家的重要标志之一，体现为自由、平等基础上的依法之治，要求将法律作为政府和公民必须遵循的行为准则。权力作为政府执政的手段，必须首先确认权力来源和取得形式的合法性，只有经由法律授予

---

① 林尚立：《国内政府间关系》，浙江人民出版社1998年版，第25页。
② ［美］塞缪尔·P. 亨廷顿：《变化社会中的政治秩序》，王冠华、刘为等译，上海人民出版社2021年版，第137—144页。
③ 熊文钊：《大国地方——中国中央与地方关系宪政研究》，北京大学出版社2005年版，第119页。

和规定的权力,才具备法定效力。我国作为现代化法治国家,宪法和法律已经明确将权力配置作为重要规范内容,并在相关法条中予以明示,因而权力法定原则是我国权力配置的根本原则。权力法定原则顾名思义指的是权力配置必须拥有明确的法理与法律依据,权力来源于法律并受法律规范,超越法律规定的权力无效。由此,权力法定原则包含三层含义:一是权力来源法定,一切权力皆来源于宪法和法律授权,没有法律依据的权力不具有合法性和合理性;二是依法行使,政府必须在法律授权范围内按照法定程序行使权力;三是越权无效,权力主体所行使的权力以权利让渡的范围为限度,政府超越法律授权所行使的权力无效。① 具体到央地权力配置而言,在权力法定主义原则指引下的央地权力配置内容和程序应当内置于现行法律的规范和约束中,尤其是各项权力之间的界分以及政府权力和公民权利之间的协调和平衡都应当遵循法律规定。

(三) 效率公平原则

效率公平原则旨在实现效率与公平的统一,既要从权力发挥的功能角度实现效率的最大化,也要实现维护利益和追求价值的公平正义。效率原则侧重于投入和产出的比率,期望以最小成本换取最大收益,这是行政机关履行管理职能的主要标准。行政机关通过行使权力达成公共行政目标,换言之,公共行政要求行政机关尽可能多地提供公共物品以满足国家和社会发展的需要,而效率原则正契合了行政的内在要求,为此权力配置也应当考虑公共行政对效率的要求。检验权力配置具有合理性的实质标准要求在权力配置的过程中将承担各种国家任务的相应职权授予在组织、结构和人员等综合方面具有功能优势的行政主体,以促进国家治理能力的提升。这种国家权力配置的功能主义进路不仅明确了权力在组织和功能上分工的必要性,而且表明了政治权力和责任的分配应当适度和节制的态度。② 这需要综合考量中央和地方有关机构设置、承担能力和地理环境等多重因素,才能合理配置央地权力,从而达成效率最大化的目标。

公平原则作为民法的一项基本原则,要求平衡各方利益,实现社会正义与公平,强调权利与义务相一致。这种利益均衡的价值取向引申至公权力领域,可以透过权力博弈的表象,为央地实质利益的争夺提供价值指

---

① 王新红:《论政府权力法定原则》,《当代法学》2002年第7期。
② 张翔:《我国国家权力配置原则的功能主义解释》,《中外法学》2018年第2期。

引。在政策制定和执行过程中，地方政府往往运用自治权对中央决策采取选择性执行甚至异化执行的方式，以规避对自身利益的损害，这种现象主要根源于中央与地方代表利益的差异性。细言之，中央与地方分别代表集体利益和局部利益，二者之间存在一定程度的张力和冲突，必须通过公平原则指引两者形成相辅相成、辩证统一的关系，在实现整体利益的同时维护好正当的局部利益。这就要求央地权力配置既要赋予地方一定的权力实现局部利益，也要赋予中央调控和监督等权力以维护整体利益。因此，效率公平原则不仅分别从形式和实质两个层面为合理配置央地权力设定了不同标准，而且形成了一种动态平衡，即央地权力配置既不能以牺牲公平正义为代价过度追求效率，也不能一味迁就局部利益阻碍整体目标的实现。

三　央地权力配置的应然类型

配置央地权力的前提是对"央地权力"这一泛化术语进行具体化处理，按照现有文献对央地权力的种类进行梳理，主要有立法权、行政权、司法权、事权、财权和人事权等划分。上述权力类别建基于不同学科视角，一是宪法层面的立法权、行政权和司法权三大公共权力；二是政府治理层面的事权、财权和人事权。这里必须明确的是：两大权力类别之间并不是相互独立的，相反在具体权力的内涵和外延方面具有一定的交叉和重叠，例如事权和财权需要立法权规范和行政权执行等。在综合国家公园治理在政治和法律领域权力划分的基础上，本文将权力类型化为立法权、事权、财权和人事权。[①] 依据现行法律对中央与地方权力关系的规定，按照权力划分的具体类别对纵向分权的适格主体和权限等基础内容进行研究，是从法治层面实现央地权力合理配置的最基本要求。

（一）央地立法权配置

立法权通常是指国家制定、修改和废止法律的权力。由于国家机关的权力与责任是立法内容的重要组成部分，因此，立法权不仅是中央与地方权力关系的核心内容，也是其他央地权力关系的基础和逻辑起点。

1. 中央立法主体及权限

（1）全国人民代表大会和常务委员会，我国《宪法》第58条为全国人大及其常委会的立法权提供了法律依据。《宪法》第62条、第67条和

[①] 任剑涛：《宪政分权视野中的央地关系》，《学海》2007年第1期。

《立法法》第 10 条分别规定了全国人大修改、监督宪法实施，制定和修改刑事、民事、国家机构和其他基本法律的权力；全国人大常委会制定和修改除应当由全国人民代表大会制定的法律以外的其他法律。由于央地立法权力关系的核心问题是立法事项的划分，即中央立法专属事项和地方可以进行立法的范围，所以《立法法》第 11 条采取了列举式对全国人大及其常委会的专属立法事项进行了明确规定，[①] 主要涉及国家主权；各级国家机关的产生、组织和职权；民族区域自治制度、特别行政区制度、基层群众自治制度；犯罪和刑罚；对公民政治权利的剥夺、限制人身自由的强制措施和处罚；税收基本制度；对非国有财产的征收、征用；民事、经济、财政、海关、金融和外贸基本制度；诉讼和仲裁制度等。这些均是有关国家治理基本问题的重要内容。

（2）国务院虽然不是宪法条文明示的立法权主体，但可以从国务院职权以及全国人大及其常委会授权中析出国务院的立法权主体资格。一是《宪法》第 89 条第 1、2 款规定了国务院制定行政法规、发布决定和命令、提出议案等立法权力；二是《立法法》第 12 条规定了全国人大及其常委会可以授权国务院对尚未制定法律的部分事项先行制定行政法规。这两条法律不仅在前半部分明确了国务院依职权和授权取得立法权的正当资格，而且在法条后半部分从正反两个方面界定了国务院的立法事项，明确了国务院立法权的行使范围。

2. 地方立法主体及权限

与中央层面具备立法权的主体相对应，地方立法主体由《宪法》第 100 条和《立法法》第 80 条予以规定，即省、自治区、直辖市的人民代表大会及其常委会享有地方性法规制定权，设区的市的人民代表大会及其常委会对于城乡建设与管理、环境保护、历史文化保护等特定事项享有地方性法规制定权；省、自治区、直辖市和设区的市、自治州的人民政府享有地方性规章制定权。与此同时，《立法法》第 82、93 条分别对地方性法规和规章的立法事项做出规定，主要分为执行法律、行政法规的规定，需要根据地方实际情况作出具体规定的事项，以及属于地方行政管理的具体事项，即执行性、自主性和地方先行性立法事项。

[①] 杨寅：《论中央与地方立法权的分配与协调——以上海口岸综合管理地方立法为例》，《法学》2009 年第 2 期。

3. 央地立法权配置的特点

从我国现行法律关于央地立法权的规定可以看出，中央与地方虽然共享立法权，但在立法权的行使范围和内容上存在明显不同的指涉，从而形成了中央统一领导与地方多样实施的特点。从形式角度来看，规定中央立法权的法律无论在法律位阶还是法条数量上均占有压倒性优势。《宪法》作为我国的根本大法，不仅设置专门条款宣示了中央立法权的地位，而且明确了中央立法权的具体行使方式；而有关地方立法权的内容仅在地方人大职权中进行了阐明。《立法法》作为专门性法律不仅详细列举了中央专属立法事项，而且综观整部法律中有关央地立法权的条文，发现涉及中央立法权的内容是地方立法权的六倍之多。[①] 从实质角度来看，一方面，中央立法既决定了地方立法权范围，也规定了地方立法必须遵循的基础内容。除中央专属权力外，央地立法权按照各领域事项的重要程度进行划分，因此，中央不仅掌握重大事项立法权，而且拥有判断具体事项重要与否的决定权。这种中央决策、地方执行的立法权关系，旨在维护中央立法权威和国家法制统一。另一方面，地方立法多样性既是指为了发挥中央立法对地方实践的指引作用，地方立法将以中央立法原则和规定为前提，根据地方具体实际制定出赋有地区特色的实施细则；也是指为了中央制定和革新法律的需要，按照地方先行立法的传统和优势，由地方立法承担起为中央立法试错和经验总结的任务。

(二) 央地人事权配置

人事权的核心在于干部任免权，我国央地人事权关系较为特殊，其原因在于不仅需要遵循现行法律的规定，而且受到党内法规有关执政党干部人事管理规定的影响。鉴于人事权的重要性以及中央对地方进行人事控制的要求，人事权成为中央控制和监督地方最为有效的手段。

1. 中央人事权主体及权限

从规范和事实两个角度来看，中央层面具有人事权的主体包括中共中央、全国人民代表大会及常务委员会。一方面，《宪法》第62条第4—9款、第63条、第67条第9—14款规定了全国人大行使选举或决定中央国家机构相关领导人员的产生，并且罢免由其产生人员；全国人大常委会有权在全国人民代表大会闭会期间，根据国务院总理和中央军事委员会主席

---

① 李林：《走向宪政的立法》，法律出版社2003年版，第160页。

的提名，决定相关人选，并且根据最高人民法院院长、最高人民检察院检察长、国家监察委员会主任的提请，任免相关人员。与此同时，依据目前党政干部选拔管理体制，省、自治区、直辖市一级的党、政、法院、检察院等机构的领导人员由中央管理。另一方面，依据《公务员法》和《党政领导干部选拔任用工作条例》的有关规定，由中共党委向全国人大及其常委会推荐领导干部人选。①

2. 地方人事权主体及权限

地方层面的人事权主体包括各级地方党委、人民代表大会及常委会，《地方各级人民代表大会和地方各级人民政府组织法》第 11 条第 4—8 款、第 12 条、第 13 条分别规定了地方各级人民代表大会的选举权和罢免权，如有权选举本级人民代表大会委员会组成人员和各级政府行政长官等。第 50 条第 13—18 款分别规定了地方各级人民代表大会常务委员会有权根据提名，决定本级政府相关人员的任免权。同样，地方领导人员人选需要由地方党委按照法定程序确定，经报请上一级党委批准后，才能由地方党委向地方人大及其常委会进行推荐。

3. 央地人事权配置的特点

央地人事权配置的最大特点在于横向上"党管干部"的核心原则，以及纵向上"下管一级"的基本原则。前者是指我国家权力机构的领导干部由各级党组织和各级人民代表大会管理，由各级党组织掌握实际任免权；后者是指中央人事权覆盖到省、自治区、直辖市一级，包括任职决定权、奖励、免职等各类管理权限。由此，中央通过对地方官员选拔制度的控制，确立了中央对地方的统摄力和权威性，在一定程度上有利于中央政策在地方的推行。

（三）央地事权配置

事权是指管理公共事务的权力和提供公共服务的职责，按照事权的定义，事权既可以指应然层面包括立法事权、行政事权和司法事权在内的国家事权，也可以指实然层面公权力运行占比最重的政府事权。鉴于事权主要存在于执行阶段以及作为体现执行性的行政权，因此本书将事权限定为行政机关之间的事权即政府事权。②

---

① 苗泳：《中央地方关系中的民主集中制研究》，法律出版社 2016 年版，第 199—200 页。
② 熊文钊主编：《大国地方——中央与地方关系法治化研究》，中国政法大学出版社 2012 年版，第 197 页。

1. 中央事权主体及权限

中央事权主体是指中央人民政府即国务院,《宪法》第 89 条第 6—11 款规定了国务院承担的具体事权事项,赋予了国务院在经济、城乡、环境与资源保护、教育、科学、文化、卫生、体育、计划生育、民政、公安、外交和国防等事务方面的管理权。与此同时,根据《宪法》第 89 条第 4 款的规定,国务院有权规定中央和省、自治区、直辖市的国家行政机关的职权划分。这表明中央政府不仅对外交和国防类主权性权力拥有专属行使权,还可以依据具体事务的重要程度选择权力主体,为中央政府的放权与集权提供宪法依据。中央政府通过《中共中央关于完善社会主义市场经济体制若干问题的决定》和《关于深化行政管理体制改革的意见》两份文件对中央事权范围设置了原则性标准:一是涉及全国性和跨省性的事务;二是倾向于制定战略规划、政策法规和标准规范等有利于宏观调控的事务。

2. 地方事权主体及权限

地方事权主体是指地方各级人民政府,《宪法》第 107 条、《地方各级人民代表大会和地方各级人民政府组织法》第 35 条第 1、5—9 款规定了地方各级人民政府的管理职责,不仅拥有对中央政策和法律法规的执行权、区域内的执法权和监督权;而且对本行政区域内经济、城乡、环境、教育、科学、文化和卫生等领域拥有相应地管理权。

3. 央地事权配置的特点

从我国法律文本来看,我国目前央地事权配置形成了央地政府职权范围具有高度重合性的整体格局,中央政府对央地事权主体和范围的决定权奠定了中央政府在事权划分中居于统一领导的绝对地位。而地方事权依据职权来源可以分为两类:一是指地方政府的自主事权,涉及《宪法》第 107 条"和"字之前的经济、教育、文化、卫生和城乡建设等事业;二是指中央委托事权,涉及《宪法》第 107 条"和"字之后的财政、民政、公安、司法和监察等行政工作。[①] 鉴于缓解两类地方事权存在内部紧张关系的实际需要,以及中央事权在公共服务领域的优势作用,我国先后出台多部政策文件调整不同领域的央地事权配置,总体呈现出中央事权扩大化和央地事权规范化的趋势。

---

① 王建学:《论地方政府事权的法理基础与宪法结构》,《中国法学》2017 年第 4 期。

（四）央地财权配置

财权采取广义解释即指政府拥有的财政管理权限，包括财政收入权和支出权。央地间的财权配置作为决定各级政府间利益满足度和职责实现度的重要权力关系，与央地事权配置具有内在联系性，从"事权与财权相统一"和"事权与财权相匹配"的原则中可见一斑。

1. 中央财权主体及权限

《宪法》第89条第5款规定的国务院有权编制和执行国家经济和社会发展计划和国家预算，是中央财权的宪法规范。我国现行央地财权划分框架始于分税制改革，奠定了当下中央与地方政府间财权分配的基本格局，早期中央财政支付权力依据《国务院关于实行分税制财政管理体制的决定》主要集中于国家安全、外交、国民经济结构、协调地区发展等宏观领域，而中央财政收入权力来自维护国家利益、实施宏观调控所必需的税收。随着适度加强中央事权和支出责任要求的提出，国家将国界河湖治理、全国性重大传染病防治、全国性大通道、全国性战略性自然资源使用和保护等基本公共服务领域确定为中央财权的范围。[①]

2. 地方财权主体及权限

地方人民政府是自主决定辖区内财权分配的主体，其职权设置包含执行经济计划和预算以支持行政区域内的经济、文化和民生等事项。目前在中央财权范围扩大的整体趋势下，地方财权的支付范围在一定程度上发生了相应限缩，结合地方政府执行优势，将社会治安、市政交通、农村公路、城乡社区事务等受益范围地域性强、信息复杂且与居民密切相关的事项确定为地方财权的承担范围。

3. 央地财权配置的特点

我国央地财权配置与事权配置规律具有趋同性，一方面，中央政府掌握财权配置的主导权，有利于稳固中央政府在经济发展和宏观调控中的根基；另一方面，根据国家发展需要，适时调整财政收入与支出比例，有利于维持财税平衡与稳定。近年来，中央财政加大对于基础设施、教育卫生和环境保护等社会公共服务领域的专项财政支持，从而更好地调整中央和地方的财权分配结构。[②]

[①] 2016年8月24日《国务院关于推进中央与地方财政事权和支出责任划分改革的指导意见》（国发〔2016〕49号）。

[②] 苗泳：《中央地方关系中的民主集中制研究》，法律出版社2016年版，第189—190页。

四 央地权力配置的实践偏离

实现央地权力配置的合理化、规范化和法律化一直是国家体制改革的对象和目标，也是促进国家治理体系和治理能力现代化的重要保障。但由于法律规定的原则性和滞后性，以及社会环境的复杂性和多变性，央地权力配置的理想状态在实践中发生了不同程度的异化，从而导致我国央地权力配置整体呈现出不清晰、不合理和不规范等问题。

（一）中央与地方立法权关系

我国现行法律为央地立法权配置设计了原则性的框架，采取了"基本原则+具体方案"的规范模式。虽然法律已经规定了央地立法权行使的范围和一般标准，但由于指涉不明的法律用语无法指向具体立法事项，需要后续大量的法律解释进行补强，这就极大地减弱了法律规定的可操作性，为央地立法权划分的乱象埋下了伏笔，主要表现在以下两个方面。

一方面，中央与地方立法权权限不清、法律统一性难以保障。法律保留条款的原意是增加法条应对社会问题的灵活性，却同时带来了法条解释随意性的隐患。具体到央地立法权而言，在央地立法对象具有较高重合性，尤其是地方政府职权范围几乎是对中央政府职权平面式分解的背景下，现有法律未能进一步就"重大事项""地方性事务"等基本概念进行释明。若严格按照法条内容运用文义解释，《立法法》第82条第2款的规定难以达到明确授权的效果，而仅仅是在法规立项环节起到了原则性指导作用，这也阐明了地方立法在实践中往往遭遇何为"地方性事务"的困扰。①

另一方面，中央立法权弱化，地方立法权扩容。2015年修订的《立法法》增加了地方立法主体，2018年《宪法修正案》又赋予了设区的市立法权，从此我国迎来地方立法的黄金期。但地方立法权短时间内的迅速扩容对中国法制统一性产生了冲击，造成了法制碎片化和地方保护主义的兴起。②基于现行法律概括笼统的规定之下，地方立法权的范围以执行上位法的执行性立法和管理地方具体行政事务的自主性立法为界，这就给地方立法权的扩张和异化留下了一定空间。首先，地方执行性立法作为贯彻

---

① 向立力：《地方立法发展的权限困境与出路试探》，《政治与法律》2015年第1期。
② 梁西圣：《地方立法权扩容的"张弛有度"——寻找中央与地方立法权的黄金分割点》，《哈尔滨工业大学学报》（社会科学版）2018年第3期。

中央立法精神和有关规定的"最后一公里"拥有极大的解释权，再考虑到我国违宪（法）审查机制的先天不足，地方立法权的恣意性更加难以得到有效监督。其次，在中央立法处于尚不成熟的立法经验积累阶段，自下而上的地方实验性立法成为惯例，这就为地方立法侵犯中央立法权限、偏离中央立法精神提供了合法性借口。最后，地方自主性立法多以追求地方利益为立法目的，形成的地方保护主义作为一种"变异"的立法行为，成为将地方利益置于国家利益之上的观念和行为的集中体现。①

（二）中央与地方人事权关系

虽然中央与地方的人事权关系整体上呈现出中央控制地方的态势，意在实现中央政策上令下达和监督地方政府官员行为的双重效果，但这不仅容易忽略地方权力机关对行政官员行使决定权和监督权的作用和力度，而且容易造成地方官员"只唯上、不唯实"的行为模式选择。具体来说，其一，在中央控制地方人事权的背景下，地方政府为了追求晋升机会，往往优先满足中央要求，易忽视当地民众诉求，这种"对上负责"机制实际上是中央控制人事权造成的直接结果。其二，中央设置政治考核制度作为地方官员升迁和任免的主要评价依据，其中GDP仍是政治考核制度中最为重要的衡量指标。由此，这一与经济发展相关联的显性标准有可能促使作为理性经济人的地方政府官员出于片面追求和美化经济数字的动机，陷入盲目竞争和弄虚作假的泥淖。以上两种情形是中央严格控制人事权力所造成的负面影响。

（三）中央与地方事权关系

中央与地方事权关系作为央地权力关系中最为复杂且重要的核心关系，每个阶段的变迁历程都反映了特定时期下的社会背景。尽管中央政府掌握着划分中央与地方事权的主导权，但或出于对事权复杂多变与法律自身滞后性两大特征的考量，中央政府未运用法律的形式固化中央与地方之间事权的界限。因此缺乏法律约束的央地事权划分虽然有利于中央政府根据社会发展和宏观调控的需要，适时调整央地事权的承担主体和范围，但也会引发央地权力划分的随意性和偶然性。

一方面，央地事权法定主体不清晰，履职主体不明确。我国现有涉及事权的法律规定遵循"宜粗不宜细"的立法传统，呈现出"粗线条"

---

① 封丽霞：《中央与地方立法关系法治化研究》，北京大学出版社2008年版，第475页。

的特征，仅对中央事权进行了明确划分，而对余下占有很大比例的央地共同事权未能进行有效界分。在我国中央政府与地方政府的部门设置和职权配置都一一对应的基本背景下，央地共同事权成为"多头管理""九龙治水"频发的重灾区。① 我国以国家公园体制建设为先头兵，尝试解决自然保护地管理体制中相互扯皮推诿、权责不明所导致的效率低下问题，明确了央地共同事权的责任主体是破局的关键。另一方面，央地事权执行不规范，制度供给不完善。央地事权划分不清晰为事权承担提供了极大操作空间，维护地方利益作为地方政府变通执行中央政策的动机驱动，在此背景下，可能会出现对抗、逃避、歪曲、附加、机械、选择、被动、虚假和越位执行等问题，② 引发有令不行、有禁不止和政策走样等执行阻滞的不良情况。再加上事权内容与地方政府职能部门履职能力不匹配这一客观制约因素，以及事后问责机制的缺失，从而难以实现事权的规范有效执行。③

（四）中央与地方财权关系

由财政支出权和收入权组成的财权一直与事权相辅相成，从财权的内部关系来看，收入权是支出权的前提和基础；从财权的外部关系来看，财权是事权的先导和组成部分，实现内外部自洽是实现央地财权关系合理划分的目标。因此，事权无论是同财权相结合、同财力相匹配，还是同支出责任相适应，都是在强调事权与物质保障之间的对应关系。④

央地间财权关系也相应地存在两方面的问题。一方面，中央财权较为集中，地方财权缺乏自主性。自分税制以后，中央政府不仅成为拥有税收立法权的唯一主体，上收诸多税收权力，而且掌握了划分央地财权的主动权。这些举措虽然增强了中央政府宏观调控的经济能力，提高了中央政策调整事权划分的灵活性，但挤压了地方政府财权的独立性和自主性。地方政府财权的前提是收入权，即地方财源问题，根据目前的法律和政策规定，地方政府无法通过"开源"的方式增加税收，从而限制了地方财政收入，导致地方财力相对于支出而言明显不足，有限的地方财政收入与日

---

① 楼继伟：《推进各级政府事权规范化法律化》，《人民日报》2014年12月1日第7版。
② 丁煌、李新阁：《基层政府管理中的执行困境及其治理》，《东岳论丛》2015年第10期。
③ 贾康、苏京春：《现阶段我国中央与地方事权划分改革研究》，《财经问题研究》2016年第10期。
④ 刘剑文、侯卓：《事权划分法治化的中国路径》，《中国社会科学》2017年第2期。

益增长的财政需求之间失衡。① 另一方面，中央与地方的财政事权与支出责任划分不匹配。目前形成了地方政府以微弱财力承担主要公共服务支出责任的格局，虽然近年来中央文件提高了中央财政在基本公共服务领域承担的支出责任比例，但是最终的执行压力还是下沉至地方政府。这种权责背离或者说倒置的局面造成了地方过度依赖中央转移支付以及降低公共服务质量并存的现象。

总而言之，央地权力配置是一个具有法律依据和理论基础，并且随着社会发展和领域差异发生动态变化的研究命题。梳理与央地权力配置相关的治理、规制和委托代理等基本理论和一般性原则，既可以明晰央地权力配置的研究范式，又可以为合理配置央地权力构建大致框架。将央地权力类型化为央地立法权、人事权、事权和财权进行分别阐述，有利于在现有法律体系中找寻涉及央地权力的法条规定，既凸显了依法规范央地权力的要求，又奠定了精准配置央地权力的基础，是下文从法学领域研究国家公园这一特定领域内央地权力配置的背景和分析框架。

第三节　国家公园治理与央地权力配置的研究前提

合理配置央地权力作为系统破解国家公园治理困局的新视角和方法论，是科学立法的必然要求，运用法治视角和思维有利于为国家公园治理央地权力配置提供合法性保障。具体来说，研究国家公园治理央地权力配置是顺应我国行政体制改革和治理体系建设的现实需求，也是切实解决国家公园治理难题的重要抓手，更是对已有国家公园治理和央地权力配置研究的总结和深化。通过法律制约权力符合权力规范化的要求，是在法学领域研究国家公园治理央地权力配置的具体呈现，由此形成的依法治园理论和实践成果能够为相关领域提供经验借鉴。因此，对国家公园治理中的央地权力配置必要性、可行性和重要性三重维度进行系统论述，印证了理论研究来源于实践需求，继而观照实践的研究进路，凸显了本书研究的双重意义。

---

① 李楠楠：《从权责背离到权责一致：事权与支出责任划分的法治路径》，《哈尔滨工业大学学报》（社会科学版）2018 年第 5 期。

一 顺应生态文明体制改革的实践需求

国家公园治理中的央地权力配置不仅是生态文明体制改革的组成内容，而且是实现我国生态环境治理体系和治理能力现代化的重要体现。一方面，生态文明体制改革是将以实现人与自然和谐共生价值追求的生态文明建设融入"五位一体"总体布局的必要步骤，也是化解我国新时期严峻形势和摆脱发展短板的应对之策。[1] 生态文明体制是推动生态文明建设的制度规范、政策安排、组织实施等体制机制的统称，应当在反思固有体制性障碍的基础上，[2] 以生态文明理念为指引，对生态文明建设的相关主体、资源配置方式以及政府干预资源配置、实施外部性控制的法理基础和问责机制等具体方面进行中国化的绿色体制创新。[3] 环境管理体制作为生态文明体制改革中的重点领域，转变政府职能一直是重中之重，近年来已经在横向和纵向两个方面取得了突破性进展。一是大部制改革后新成立的自然资源部和生态环境部，分别整合了与自然资源和生态环境保护和管理相关的所有职责，采取新设机构与职能整合的方式，旨在克服多头、交叉、碎片化的监管问题，实现整体性、综合性监管的目标；二是为克服地方保护主义而实施的环保垂直管理制度，[4] 规定环保监测、监察和执法机构由省级环保部门统一管理，有利于整体推进全国范围内跨区域环境治理工作。因此，无论是机构整合还是管理权限上移等体制改革的具体措施，都是选择通过权力集中和上收的方式破除原有体制所带来的不良影响。另一方面，推进生态环境治理体系和治理能力现代化确立了政府主导的多主体治理框架，其中理顺中央与地方政府间关系成为重要一环。因此，在合理划分中央与地方政府的财权和事权，将中央政府职能定位于处理全国性和跨区域性事务的同时，授予地方政府微观管理的权限，才能发挥中央政府宏观调控的能力、调动地方政府治理的积极性。[5] 可以说，央地权力配

---

[1] 刘湘溶：《关于生态文明体制改革的若干思考》，《湖南师范大学社会科学学报》2014年第2期。

[2] 魏文松：《生态文明体制改革的逻辑进路与法治保障》，《时代法学》2020年第2期。

[3] 高世楫、王海芹、李维明：《改革开放40年生态文明体制改革历程与取向观察》，《改革》2018年第8期。

[4] 陈海嵩：《生态文明体制改革的环境法思考》，《中国地质大学学报》（社会科学版）2018年第2期。

[5] 张文娟：《激发内生活力，需理顺哪几重关系？——关于构建现代环境治理体系的几点思考》，《中国生态文明》2020年第2期。

置是生态文明体制改革的核心问题，也是实现生态环境治理体系的必然选择。国家公园体制作为我国生态文明制度体系的重要内容，已经明确将促进生态环境治理体系和治理能力现代化作为建设目标之一。无论是《建立国家公园体制总体方案》中"建立统一事权、分级管理体制"和"确定中央与地方事权划分"，还是《关于构建现代环境治理体系的指导意见》中"明确中央和地方财政支出责任"等相关话语，都论证了以央地权力配置为内容的国家公园体制改革，以实现国家公园的良善治理为目标，体现出国家公园治理央地权力配置之于生态文明体制改革和环境治理体系的地位。

在肯定国家公园治理顺应生态环境治理体系和生态文明体制建设的时代背景下，亟须进一步把视角聚焦于国家公园治理实践，从治理的分散性和碎片化特征点明引入央地权力配置作为深化理论研究的实践诉求。随着国家公园试点和正式建立工作的不断深入，本着理论源于实践并在实践中丰富和发展的原则，理论界和实务界均围绕国家公园治理这一核心命题不断进行探索。将中国知网公开发表的论文作为理论研究成果的检索来源，从研究对象来看，主要分为具体国家公园和国家公园这一整体；从研究内容来看，不仅包含国家公园规范内涵、功能定位和基本原则，国家公园立法与自然保护地立法的衔接关系，国家公园法律制度体系以及保护和利用关系等宏观层面，也关注管理体制、分区管控模式、特许经营制度、生态补偿制度、国土空间管理形式、社区参与制度和原住居民权利等具体议题，基本囊括了国家公园治理中的现实痛点。但是通过仔细推敲不难发现，现有理论研究成果较为分散，并且都是针对国家公园治理实践中的某一环节或者具体内容进行的对策分析，既没有挖掘所有问题之间的内在联系性，也受限于回应型对策的滞后性，停留在"头疼医头、脚疼医脚"的阶段，从而难以在根本上解决国家公园治理的顽疾，形成相对完整的解决方案，为此有必要深入剖析上述问题以试图发掘共性。具体来说，首先，体制问题尤其是管理体制是事关国家公园治理的头等问题，由管理机构、管理职权和协作机制组成的国家公园管理体制建设被看作改变"九龙治水"局面、提高管理效能的重要推手，而清晰界定管理职权正是关键。其次，分区管理、特许经营和国土空间管理等有关自然资源保护、管理和利用问题，在实践操作中与国家公园管理体制密切相关，是确定管理权力主体以及管理主体该如何行使相关权力的过程，而权力配置则是权行使的前置程序。最后，社会参与和居民保障等权利保护问题表面上是检验权力运行正当性的标准，实际上可以追溯至权力配置的合理性。一言以蔽之，权力配置贯穿国家公园治理实践的始终，再加上国家公园治理主要涉及中央与地方政府分工与协作事项，因此，选择纵向权力关系即央地权力配置作为整合国家公园治理现状的切入视角，是抓住国家公园治理逻辑主线、整体回应治理难题的应有选择。

二 具备理论研究和实践探索的双重基础

我国现有实践不仅明确了国家治理下央地权力配置的整体方向和评价标准，而且已经在国家公园体制建设期间对权力配置问题进行了持续探索，为国家公园治理中的央地权力配置指明了方向，积累了实践经验。一方面，我国的治理实践已经充分证明央地权力配置的理想状态需要同时满足清晰性和合理性两大要求：清晰性是指中央与地方权力之间具有明确的界分；合理性是指权力配置的结果能够充分发挥中央与地方两个积极性，最大限度地激发治理效能。相比之下，达到央地权力配置的合理性标准更为困难，其原因在于，央地权力配置内生于国家治理实践，以调适所处的政治经济领域为目的，但外部环境一直处于复杂灵活的动态调整的状态。我国早期社会发展尚处于摸索阶段，导致央地权力配置变化浮动较大，例如以1994年分税制改革为界，前期为了加快改革开放进度，摆脱计划经济时期中央集权的束缚，我国采取大范围权力下放的形式以激发地方活力；后期则出于增强中央宏观调控能力的考量而迅速上收权力。[①] 基于央地权力配置与政治环境存在关联性的理性认知，以及目前社会形态已经趋于稳定的现实状态，我国提出了兼顾促进央地积极性的具体方案：坚持维护中央统一领导的同时保证地方具有相对独立性的原则。具体到我国正处于全面深化改革这一关键时期，现阶段有必要在一定程度上上收权力至中央，既满足保证国家统一和政权稳定的统治要求，也迎合国家长远性和阶段性任务的发展需要。由此，通过中央简政放权和转变政府职能的方式激发地方活力，总体上形成将需要发挥规模经济优势的公共服务类权力划归中央，将依赖信息优势的地方管理类权力交给地方的方案。[②] 在央地权力配置基调已定的大背景下，国家公园治理领域的央地权力配置也随之拥有

---

① 朱旭峰、吴冠生：《中国特色的央地关系：演变与特点》，《治理研究》2018年第2期。
② 杨志勇：《国家机构改革与新型央地关系》，《国家治理》2018年第16期。

了因循目标。另一方面，集合中央深改委和国家发改委先后对十个国家公园体制试点的批复或者实施方案的内容、《"十四五"林业草原保护发展规划纲要》的规定和《国家公园法（草案）》的精神来看，国家公园体制建设在实践中对管理体制尤其是自然资源管理权和执法权做出了重点突破。其一，国有自然资源资产管理权的归属由中央直管、央地共管和委托省管三种模式缩减至中央直管和委托省管两种模式；其二，生态环境统一执法权的权力主体分为国家公园管理局（执法机构）、国家公园管理局联合地方资源环境执法机构、地方政府这三类。① 虽然实践中出现了多种主体混合适用的现象，但我们应当认识到这是国家公园体制建设尚处于探索阶段的试错反应，属于国家公园自然禀赋和政府管理能力存在差异性的正常表现。与此同时，我们更应当从中看到实践更多地倾向于由中央政府或者受委托的省级政府行使自然资源资产管理权、国家公园管理机构行使执法权，这种经过实践检验的权力配置方案更加具有说服力和参考价值。以钱江源国家公园探索的"政区协同"管理模式为例，该模式进一步明确了钱江源国家公园管理局的资源管理权，以及其下设的综合行政执法队和基层执法所的执法权限，更进一步迈向统一资源管理、明晰职责边界、紧密融合区政的目标。②

我国理论界现有的文献资料已经初涉国家公园治理央地权力配置的相关内容，能够为国家公园治理中的央地权力配置提供方向指引和智力支持。早在国家公园体制建设之初，就有学者认识到国家公园管理的本质在于权，其既有前端的自然资源资产产权和规划权，也有中端的日常管理权，还有末端的干部政绩考核等，必须以中央与地方之间的利益分割为依据，将所涉权力在中央与地方政府之间进行合理配置。③ 国家公园管理机构作为国家公园领域的专门机构，是中央意志的执行者，其职权配置的内容需要进一步细化所涉权力的归属问题，实际上是中央和地方利益博弈的结果。根据国家公园治理实践和已有规范性文件对于国家公园管理机构职责的规定，按照管理机构的行政主体身份，可以将管理职权分为行政决策权、行政组织权、行政决定权、行政命令权和行政处罚权等相关权力，包

---

① 汪劲：《中国国家公园统一管理体制研究》，《暨南学报》（哲学社会科学版）2020年第10期。
② 陶建群、杨武、王克：《钱江源国家公园体制试点的创新与实践》，《人民论坛》2020年第29期。
③ 苏杨：《国家公园归谁管？》，《中国发展观察》2016年第9期。

含对执行规划和编制计划、行政确认、行政许可、行政征收与签订行政合同、行政处罚、行政补偿等行为进行管理。而地方政府职权则对包含国家公园在内辖区的经济社会综合协调、公共服务、社会管理、市场监管和执法保障等更适合地方管理的事项。[1] 其中,执法权尤其是跨区域执法权作为央地权力配置的难点一直是理论研究的重点之一,现提出以下设想:由两省联合设立省级分支机构,将其重要职责定位于国家公园内的资源环境综合执法,在执行部分主要依托"管理局—管理分局—保护站"的机构层级设置匹配"省—区域—检查站"的执法体系,将执法内容从对园区内重大违法事项进行调查处理延伸至执法末梢,依据执法范围赋予执法部门以相应的执法权。[2] 现有研究已经对国家公园治理的实质、央地权力配置的具体问题和方案提出了初步构想,为本书后续全面系统地研究奠定了理论基础。

三 以生态保护法治建设推动领域革新

央地权力配置既是我国治理领域的难点,也是任何一部法律必须涉及的重要内容,国家公园作为推进生态文明建设的典型场域,合理配置国家公园领域的央地权力关系能够为生态文明法治建设打好重要一步。与此同时,以法律的形式固化国家公园领域的央地权力配置成果,有利于为生态环境保护其他领域提供一批可复制、可推广的保护经验和治理模式。

一方面,国家公园治理特性与生态环境领域其他保护对象具有共通性,研究国家公园治理中的央地权力配置并且以国家公园立法的形式予以规范,是构建自然保护地乃至生态环境治理体系的必然要求。

首先,"自然保护地"一词自出现于我国政治视野伊始,多与"国家公园"相伴而生,二者具有天然的不可分割性。随着最初《总体方案》中规定"构建以国家公园为代表的自然保护地体系",后期《关于建立与国家公园为主体的自然保护地体系的指导意见》出台,我国最终确定了二者之间的关系,即自然保护地由国家公园、自然保护区和自然公园组成,国家公园居于主体地位。国家公园作为自然保护地的类型之一,虽然

---

[1] 秦天宝、刘彤彤:《央地关系视角下我国国家公园管理体制之建构》,《东岳论丛》2020年第10期。

[2] 邓小兵、武刚:《祁连山国家公园资源环境综合执法研究》,《兰州文理学院学报》(社会科学版)2019年第5期。

在保护价值、生态功能和管理层级等方面与其他类型的自然保护地有所不同，但在整体保护和系统治理的思路方面一脉相承，因此国家公园体制改革被视为科学划定、整合和优化自然保护地的突破口。这不仅宣示了国家公园在自然保护地中的重要地位，而且表明了国家公园体制改革承担了"先行先试"的任务。故自 2015 年国家公园试点工作开展以来，各国家公园长期处于探索体制建设的阶段，目的在于发现自然保护地领域存在的核心问题并且找寻解决之策。① 从目前的立法进程来看，需要在统筹考虑自然保护地立法体系的前提下加快制定《国家公园法》，通过明确管理机构、管理职责和法律责任等主要内容的方式，将央地权力配置问题内置其中，将实践证明行之有效的制度上升为国家法律，不仅为国家公园保护和建设提供法律保障，而且打下了自然保护地法律体系的基础。

其次，国家公园作为以特定区域为立法保护对象的典型，顺应了我国生态保护法治规制对象从要素到系统再到以区（流）域为表现形式的自然生态空间，带动了全国生态保护修复由单一要素治理向综合治理的转变。我国国家公园保护理念遵循"山、水、林、田、湖、草"是一个生命共同体的系统观，所坚持的生态系统内部各要素的一体化保护和综合治理已经成为指导我国生态保护治理的工作方法。与之相适应的生态保护法律体系也应当顺应生态保护的科学机理，通过选择权力上收的管理模式和配置方案，确保对大面积生态系统的整体保护，并将之融入生态保护法律体系的建构思路和立法内容，形成了以长江、黄河和青藏高原为典型的立法成果。与此同时，国家公园作为自然资源的集合体，虽然坚持生态保护优先的基本原则，但鉴于环境、资源、生态与自然之间"一体三用"的关系，国家公园作为集合环境支持、资源供给和生态保障三大功能的自然空间，提出了生态保护、绿色发展和民生改善相统一的新目标。这标志着自然生态空间所涵摄的范围已经从单一的自然生态系统扩展到包含人口、环境、资源、经济、文化等要素在内的经济社会空间，与我国生态保护领域实现绿色发展和高质量发展等新要求相一致，这种治理需求自然影响到国家公园治理央地权力的类型，符合生态保护法律体系权利类型的拓展趋势，其配置方案具有极其重要的实践示范作用。

另一方面，国家公园治理作为一个涉及政治和经济等方面的综合领

---

① 吕忠梅：《以国家公园为主体的自然保护地体系立法思考》，《生物多样性》2019 年第 2 期。

域，合理配置央地权力的标准在于以现行法律规定为基础，融入环境保护和资源利用等时代要求，进而实现治理效能最大化和持久化。近年来，为了实现国家治理体系和治理能力现代化的目标，我国致力于打造融入生态文明建设的"五位一体"总体布局，在观念上提出了代替原来"重污染防治、轻生态保护"思路的整体系统性的"大保护观"，在实现路径上遵循法治的方式，让依法治理成为保障各领域治理成果的最佳选择。反观传统领域，不仅需要考虑央地权力配置的复杂性和变动性，而且尚未实现权力背后的利益转型，为此，多以颁布国家政策的形式调整央地权力配置，甚少上升为一项法律规范。而在法治视野下实现国家公园治理央地权力配置是基于现有法律规定，加入保护生态环境和自然资源的利益诉求，以期使央地权力配置更具有现实合理性。这不仅为涉及央地权力的一般性法律规定增加了实践解读，而且将直接促进其他领域的央地权力以绿色发展为配置目标，这无疑为传统领域的央地权力配置做出了重要表率。

总而言之，从法学领域研究国家公园治理央地权力的合理配置具有现实正当性和合理性，实现合理配置的要求既服务于我国生态文明建设和生态环境治理体系现代化的实践探索，又是解决我国国家公园体制难题的根本路径。用法治视角贯穿央地权力配置的始终，既是生态文明法治体系建设的重要一环，也是为国家公园治理中的央地权力配置保驾护航的应有举措。

第二章

国家公园治理央地权力配置的正当性基础

第一节　国家公园治理权力配置的理论渊源
　　　　——公共用公物权

上文已经通过对国家公园的保护理念、基本原则和设立目标等因素进行分析，将国家公园定位于行政法上的公共用公物，根据权力来源于权利的逻辑推定：国家公园治理权力来源于公共用公物权。公共用公物权是行政主体为保障和增进公共福利，而在其提供或者管理的公共用公物上设定的公法性权力（利）。公共用公物的设定目的和管理方式所具有的公法特征，不仅导出了公共用公物权的公法性、公共福利性、有限支配性和非排他性这四项法律特性，而且形塑着从中析出的所有权、使用权和管理权。其中，公共用公物所有权赋予了政府对国家公园治理权力进行配置的合法资格，公共用公物使用权指明了国家公园权力配置的最终目标，公共用公物管理权作为国家公园治理中承担行政管理职能的重要权力，框定了央地权力配置的基本面向，因而公共用公物权为国家公园治理中的权力配置提供了合法基础和大体框架。

一　所有权赋予权力配置的合法资格

根植于所有权是一种包括占有、使用、收益和处分四项积极权能的最为充分的物权认知，公共用公物所有权作为公共用公物权的前提必须进行清晰阐述，以确保配置后续公共用公物管理权和使用权。为了更好地论证公共用公物所有权作为赋予国家公园治理中权力配置来源的功能，应当将公共用公物所有权的理论知识运用于国家公园治理实践进行检验。

(一) 公共用公物所有权的界定

1. 公共用公物所有权的理论学说

公共用公物所有权是所有权的一种，本应当拥有对物的绝对支配权，但由于公共用公物权的公法性和公共福利性，公共用公物所有权必将受到一定限制，这为找寻公共用公物所有权的理论基础发挥了提示性作用。由于各国国情和法律传统的差异性，在此将分别讨论中西方有关公共用公物所有权的研究。

一方面，西方关于公共用公物所有权的理论基础主要来源于法国的公产所有权说和德国的公法所有权说。首先，必须明确的是法国法上的公产和本书所说的公物在本质上相同，只是表达方式有所不同。法国有关公产所有权的通说形成于20世纪后国家进入福利社会的时期，其认为行政主体可以最低限度地使用公产，并且从中获得利益，但在使用权存续期间不能转让公产，这种限制性正好体现了公产所有权有别于民法上所有权，而应当归属于行政法上所有权的特征。细言之，这种限制性来源于公产供公共使用的目的，在法律主体不能对自己主张役权的前提下，公共使用不能归于民法上所有权为了公共利益而承担的一种役权，而应当视为行政法上所有权的一种表现形式。因此，这种所有权虽与民法相似，但是已经成为经由行政法改造后的具有公共使用因素的公产所有权。[①] 其次，德国通说是介于公法和私法之间不完全的公法所有权学说。虽然德国主流观点认为所有权作为物权的一种，天然地属于民法概念，但出于对具有公共利益和公务目的的公物进行规制的需要，所以将公物所有权移至公法领域。通过所有权效果的公法性或者公物处于特殊的公法支配权来证成公物的公法所有权，保证了公法所有权在公法本色的基础上融入了私法内涵的优势。[②]

另一方面，我国关于公共用公物所有权的研究继受大陆法系影响，也在公所有权和私所有权之间产生了争论。其中，私所有权说认为公所有权实质仍然是民法上的私所有权，将公共用公物上的公共使用限制看作私法规范的例外适用；公所有权说则是基于公共利益属性，认为公共用公物所有权是专属公法领域的法律构造。鉴于公私所有权说的绝对性和对立性，以及立法妥协性的特征，出现了持有折中观点的概括性权能说。该学说认

[①] 王名扬：《法国行政法》，北京大学出版社2007年版，第245—248页。
[②] 侯宇：《行政法视野里的公物利用研究》，清华大学出版社2012年版，第79页。

为公共用公物所有权受到公私法的二元调整，按照使用目的进行区分，当公共用公物在公共使用范围内时使用公法，反之则受到私法支配。① 另外，还有一种公共地役权说，作为对传统地役权的继承与发展，其具有设立目的的公共性、不以需役地存在为必要、受益人的广泛性、地役权人和受益人相分离的典型特征。② 该学说肯定了私法上的物在成为公共用公物之前所具有的私法性，在强调为实现公共利益而产生公共用途的前提下，运用公权力介入产生限制私所有权的公法权利（力）效果，该项权利（力）称为公共地役权。③

2. 公共用公物所有权的评析

法国和德国作为大陆法系国家，对公共用公物所有权的权属关系形成了截然相反的学说，虽然受到实体法和法律传统的影响而存在不足，但为公共用公物所有权的研究以及我国公共用公物所有权学说的形成提供了不同的研究思路。一方面，公所有权说坚定了公共用公物所有权受公法调整和规范的立场，肯定了行政主体管理公共用公物的合法性。而私所有权说也认可公共用公物的公共用途，并且发现了公共用公物的物在所有权权属上的私法性。另一方面，公所有权说排除公共用公物的私法性，这在实践中无法解释由私物转变为公共用公物以及对剩余利益保障的现象。而若将私所有权说作为公共用公物所有权基础的一大根本问题在于利益实现的顺序，即私所有权优先满足私益的选择与公共用公物公共福利性的本质属性存在矛盾。与此同时，当私物因供公共使用而成为公共用公物之前，应当取得私有权人的意思表示，这又明显有违公权力主体为实现公共利益而对公共用公物行使公权力的要求。由此，虽然概括性权能说中和了公私所有权说的缺点，继承了学说优点，但是不仅尚未突出公共用公物所有权的公法性，也未能为公私所有权的共存提供合理的解释路径。

公共用公物所有权的合理阐述应当通过公共地役权说来补足概括性权能说，即将适用公法规范、满足公共福利目的作为公共用公物所有权的第一要义，在优先满足公益的基础上可以适当考量私益。而公共地役权可以为私物用于公共目的时的权利转换提供合理解释。若公共用公物所有权为

---

① 张杰：《公共用公物权研究》，法律出版社2012年版，第173—176页。
② 赵自轩：《公共地役权在我国街区制改革中的运用及其实现路径探究》，《政治与法律》2016年第8期。
③ 肖泽晟：《公物法研究》，法律出版社2009年版，第113—114页。

公所有权，那么满足公共使用的要求自不待言；若公共用公物所有权为私所有权，那么可以通过公共地役权的方式，将私物的部分权利转移给行政主体用以实现公共目的，仍适用公法调适。由此可见，公共用公物所有权虽然兼有公私两性，但在行政主体用于公共用途实现公共利益时必将首先受到公法约束。当然，在我国一切权力属于人民的社会主义国家背景下，广大人民才是公共用公物所有权的实际主体，但由于主体的分散性必须采用公共信托理论或者委托代理理论将权力赋予行政主体，使得行政主体成为公共用公物所有权的行使主体。基于此，行政主体继受公共用公物所有权，成为有权配置公共用公物权下所有权力（利）的合法主体，而公共用公物所有权作为使用权和管理权的基础，直接使使用权和管理权的主体和行使方式带上了公法色彩。

（二）公共用公物所有权的具体适用

根据《总体方案》《全民所有自然资源资产所有权委托代理机制试点方案》《国家公园管理暂行办法》等内容规定，公共用公物所有权在国家公园治理实践中的具体适用主要集中于自然资源确权和国家公园坚持国家所有的条文规定中，这包括既要确定国家公园内自然资源的权属性质，又要通过合法方式确保国家在国家公园中的主导地位。

一方面，国家公园自然资源确权的意义在于明确自然资源所有权的归属关系，是适用公共用公物所有权的前置步骤。通过对一系列规范性文件的归纳，总结出如下三点共性：一是关于所有权登记范围，将国家公园看作独立自然资源登记单元，依法对区域内水流、森林、山岭、草原、荒地、滩涂等所有自然生态空间统一进行确权登记；二是关于所有权行使模式，国家公园内全民所有自然资源资产所有权由中央政府直接行使或者委托省级政府行使；三是关于所有权确认要求，划清全民所有和集体所有之间的边界，划清不同集体所有者的边界，实现归属清晰、权责明确。上述规定不仅对国家公园内自然资源所有权的行使规则进行了明确安排，而且肯定了对国家公园内自然资源进行本底调查和确权登记是行使所有权的前提条件，也是我国自然资源保护与管理在国家公园领域的缩影。在我国深化生态文明体制改革的重要时期，自然资源资产底数不清、所有者不到位、权责不明晰和权益不落实等问题成为制约我国自然资源集约开发利用和生态保护修复的关键因素，因此我国围绕自然资源资产产权制度问题先后出台了多部政策性文件，旨在遏制全国范围内由此引发的资源保护乏力、开发利用粗放、生态退化严重等现象。国家公园作为实现自然资源科学保护和合理利用的重要载体,以及构建自然资源资产产权体系的实践场域和组成部分,理当率先明晰国家公园内自然资源的产权归属情况,为我国自然资源产权制度改革和后续国家公园保护与管理打下坚实基础。

另一方面,国家公园坚持国家所有的意义不仅在于达成生态保护第一和全民公益性的目标,而且为国家公园国家主导管理提供资格认证,体现了公共用公物的公所有权定位。根据国家公园体制改革的相关规定,国家公园范围内全民所有自然资源资产所有权由中央政府直接行使或者委托省级人民政府代理行使,由国家公园管理机构负责具体行使,由此形成了国家公园中央直管和委托省政府管理这两种模式。这是内生于全民所有自然资源资产所有权委托代理机制改革的整体背景,结合国家公园在自然保护地体系乃至生态保护领域的重要地位所做出的对应安排,奠定了国家公园作为公共用公物所具有的公所有权属性。基于此,为了实现国家公园统一保护和管理的实际需求,国家公园管理机构或探索租赁、合作、设立保护地役权等方式对集体所有土地及其附属资源进行管理,或通过赎买和置换等方式变集体所有为全民所有。上述两类方式是从国家公园自然资源权属的实际情况出发,以明确国家公园内自然资源能够用于公共用途,确保行政主体行使公权力管理国家公园的有效性作为目的,因地制宜、综合施策。其中,土地作为国家公园内最为重要的自然资源,在国家公园试点期间主要沿用直接变更所有权归属和在不变更所有权的基础上实现公共利益这两种并存思路,即征收征用类强制性模式以及租赁、赎买和置换等合意性模式。然而,不论是强制性模式下的对抗性和高昂成本,还是合意性模式下的流转规范性、成本效益性和农民积极性,都使得原有多重实现方式经过排列组合仍旧无法完全达成国家公园的管理目标。[①] 这类现象尤其出现于钱江源、武夷山和南山等国有土地占比率极低的国家公园,尖锐的矛盾衍生出在变更所有权的同时创新土地流转模式的迫切呼吁,既要摆脱传统模式的不稳定因素,又要实现管理的可行性。基于上述要求,借助民法上地役权的基本构造,结合公共地役权的具体设计,形成了环境保护领域维护生态价值的保护地役权,有利于在精准施策管理的同时维护良好的人地关系,进而与其他现有路径一道发挥各自优势,以保障行政主体达成保

---

① 秦天宝:《论国家公园国有土地占主体地位的实现路径——以地役权为核心的考察》,《现代法学》2019 年第 3 期。

护公共利益的目标。这正符合公共用公物所有权公法性的证成逻辑,运用公共地役权来补足概括性权能的具体实践,行政主体作为公共用公物所有权的行使主体是国家有权配置国家公园治理权力的根本依据。钱江源国家公园作为创新保护地役权的实践典型,依此实现了全民所有自然资源在实际控制意义上的主体地位,该成功经验已经从地方试点上升为深化我国国家公园体制建设的通行做法,即在不改变森林、林木和土地权属的基础上,通过给予一定经济补偿以限制集体土地以及附属物上所有者的行为,将权力转移给国家公园管理机构,从而达到国家公园管理机构有权配置保护和管理类权力的目的。[①]

二 使用权指明权力配置的最终目标

公共用公物使用权作为通过提供公用以保障和增进公共福利的载体,不仅是公共用公物权的出发点和核心点,而且是公共用公物所有权人以及行使主体拥有和管理公共用公物的实际目的,直接影响为实现公共用公物所用权而衍生出的相关管理权力配置。虽然公共用公物使用权是所有权的派生性权利(力)之一,公众和行政主体都可以称作公共用公物的所有权主体,但考虑到公共用公物的使用目的和行政主体代为行使所有权的定位,故排除行政主体作为使用权主体的资格。公共用公物使用权是指公众依公共用公物的规定用途,对其加以利用和受益的权利,[②] 该种定义体现了使用权必须受到有限支配性和非排他性特征的约束。国家公园作为自然公共用公物,明确全民共享的建设目标既是对公共用公物使用权的顶层设计,也是配置国家公园治理权力的最终目标。

(一)公共用公物使用权的界定

1. 公共用公物使用权的基本构成

公共用公物使用权的相关研究主要围绕使用关系、基本原则和价值定位等具体方面展开,是研究公共用公物使用权最为基础和必须明晰的基本内容。虽然已有研究囿于法律传统和地域等原因也有以"利用"代替"使用"的表述,但只是在用词上存在差异性,实际并不影响关于公共用公物使用权的研究。

---

① 汪家军、崔晓伟、李云等:《钱江源国家公园自然资源统一管理路径探索》,《中国国土资源经济》2021年第2期。

② 梁慧星、陈华彬:《物权法》(第五版),法律出版社2010年版,第11页。

首先，公共用公物的使用关系由使用主体、客体和事实组合而成，既是构成公共用公物使用权的实质内容，也是析出原则和价值的来源。一方面，公共用公物的使用主体指社会公众，是与特定社会组织相关的、有共同利益需求的个人、群体和组织的总和；使用客体是指公共用公物。另一方面，使用关系的事实是指社会公众实施了使用公共用公物的行为。有别于物权的绝对支配性和排他性这两大典型特征，公共用公物使用权的公共福利性决定了使用行为的有限支配权和非排他性。前者决定了使用程度和范围必须以公共用公物的功能和目的为价值考量，即个人利益应当让位于社会公共利益，当个人利益与社会公共利益产生矛盾时，应当优先保护公共利益；后者则要求公共用公物应当无差别地提供给社会中的每一个人，并且每一个人都可以成为受益者。非排他性主要表现为根据现实需要、价值判断或者国家政策需要，对某些本可以排他的物进行非排他性使用，比如博物馆、公园和街道等。[①] 公共用公物使用权的公共福利性和非排他性既表明了行政主体介入的必要性，也为行政主体配置和行使权力留下了空间。

其次，公共用公物使用权行使的基本原则主要有合目的性原则、合法性原则和不稳定原则，不仅为公共用公物的使用确定方向和设置约束，而且在缺乏法律法规明确规定的情况下，填补法律漏洞、防止出现损害公共利益的严重后果。第一，合目的性原则作为使用权行使的判断标准，是指必须符合公共用公物的初始目的与功能，以保障和增进公共福利。该原则要求使用者必须在不违反公共利益的前提下使用或者利用公共用公物，如不得随意砍伐林木据为己有、牟取私益，这不仅损害了林木作为自然资源在生态保护中所具备的环境利益，而且违反了公共用公物不得独占使用的规定。第二，合法性原则作为使用权行使的强制标准和使用者的行为准则，不仅授予使用者依法使用的义务，又保护使用者合法使用的权利。该原则是指公共用公物使用者必须按照有关公物使用程序和内容的法律法规和规章制度进行规范使用，同时任何公权力机关无正当理由不得妨碍使用者正当使用公共用公物的权利。第三，不稳定原则作为保障公共使用的兜底性原则，是指当公共用公物使用的自身状态、国家政策和社会需求等外部环境发生变化而引起情势变更时，出于保障使用者权利的目的，公权力

[①] 潘凤湘、蔡守秋：《公众共用物的非排他性属性研究——基于经济学理论的适用及对传统私法的反思》，《广西社会科学》2017年第3期。

机关有权变更公共用公物的使用范围和用途等具体内容。

最后，公共用公物使用权的价值定位是人权，不仅是对保护和促进社会公众实现公共福利目的的精炼概括和法律阐释，而且体现了使用权在公共用公物权中的根本地位。人权与法治是凝聚现代国家与社会共识的最大公约数，"以人民为中心"作为中国国家制度的核心价值，体现为宪法规定的"国家尊重和保障人权"原则。[①] 人权条款既要求国家约束公权力，也强调以人为本，关注个人权利的彰显和保障，体现了宪法秩序下人民对美好生活的向往。马克思主义人权观将美好生活分为现实中的经济、社会和文化三个面向，由此形成了生存权、发展权、劳动权、生命健康权和幸福权等具体权利。中国特色社会主义人权观继承并发展了马克思主义人权观，坚持以人民性为本质，以生存权和发展权为首要的基本人权。人权条款的适用在于通过行使国家公权力以满足人民需求、保障人民权利为目标，而公共用公物使用权正契合了人权的价值特征。一方面，公共用公物使用权的目的在于满足人民的内在需求。在基本生存权得到满足后，人民寻求更高层级的生存权、健康权、发展权和环境权，对于公共用公物的使用也经历了这个过程，以自然资源为例，人民先是利用其保障基本生存的功能，后是重视其对于环境保护的作用。因此，人民对于生存与发展的公共福利需求，特别是对美好生活的追求，是赋予公共用公物使用权以人权价值的实质标准。另一方面，保障公共用公物使用权的方式在于建立服务型政府以及国家的行政给付行为。建立服务型政府旨在解决最迫切、最现实的民生问题，并且将其转化为国家治理的任务清单，从而为人民提供更具获得感、幸福感和安全感的服务；国家行政给付行为是指国家应当为维持生存和美好生活需要而进行或积极或消极的供给行为，例如《宪法》第9条第2款和第26条关于国家环境保护义务的内容，包含着保持现状、防御危险和风险预防三重含义。[②] 在国家给付行为和国家义务的背后实际上是合理配置政府权力并且进行有效行使的过程，换言之，政府权力的配置和行使以保障公共用公物使用权的实现为目的，相应地公共用公物使用权的实质内容限定了权力配置的目标和走向。

2. 公共用公物使用权的类型划分

公共用公物使用权的划分源于公共用公物的使用类型，比如按照供公

---

① 韩大元：《进一步尊重和保障人权》，《检察日报》2020年11月11日第2版。
② 陈海嵩：《国家环境保护义务的溯源与展开》，《法学研究》2014年第3期。

众利用的方式不同,可以分为自由利用和许可利用;按照公物使用目的分为普通使用和特别使用;也可以根据使用关系形成的法律行为的不同性质,分为公法使用和私法使用等。因此,综合使用方式、目的和限度,将公共用公物使用权划分为一般使用权、许可使用权和特别许可使用权。

首先,一般使用权是指公众在不妨害他人使用的情形下,可以无须经过许可自由地按照公共用公物设置的目的进行使用的权利,也即自由使用。一般使用权的行使最能体现人权价值、贯彻公共福利性,主要体现在使用限度的最大化,即只要不妨害他人、不违反法律法规的管理规则,按照公共用公物的设置目的进行使用,公众就可以最大限度地享受公共用公物带来的惠益,比如在马路上行驶、在公园中游玩等行为,以满足生存权和发展权的需求。这也从侧面规定了配置和行使公权力的边界,即行政主体配置和行使公权力以维护和实现公共用公物使用权为目的,包含积极和消极两个方面,而公权力不得随意干涉公共用公物一般使用权的正常行使,实际上是行政主体履行消极义务的体现。其次,许可使用权是指使用者经过法定许可程序后,获得超过一般使用的权限。[①] 许可使用权是对一般使用权施加了一定的限制,其目的在于维护公共秩序、防止不当使用造成的效益损害,比如公园门票收费以及限制游客总数等行为。最后,特许使用权是指公共用公物管理者针对特定对象,通过特别许可为使用者单独设立的得以排除他人使用的特殊使用权。[②] 特许使用权指经过许可后可以持续性、排他性和独占性的使用公共用公物,属于由行政管理机关授予的法定权利,行政法明确规定了以合同的形式取得特许使用权,譬如在自然保护区内修建基础设施必须取得有权机关的特别许可等。虽然许可使用权和特许使用权在许可条件和程序等方面存在差别,但共同点是行政主体在结合公共用公物自身属性的基础上,出于履行公共用公物所承载的公共利益能够得到高效和公平使用的管理职责,积极介入公共用公物使用权的表现,从而达到公共用公物的使用目的是配置行政主体许可权的最终目标。

(二) 公共用公物使用权的具体适用

社会公众对国家公园内各类自然资源的使用和享受是行使公共用公物使用权的具体表现,不仅贯彻了国家公园全民公益性的理念,而且秉持着

[①] 朱维究、王成栋主编:《一般行政法原理》,高等教育出版社2005年版,第262页。
[②] 应松年主编:《行政法与行政诉讼法学》(第二版),法律出版社2009年版,第113页。

国家公园建设不断满足人民群众对优美生态环境、优良生态产品、优质生态服务需要的基本原则，承载着生态文明建设的最终价值取向。基于国家公园保护和管理的建设需要，社会公众享有的国家公园内资源使用权不仅需要遵循国家公园的设置目标和具体规划，而且成为通过配置权力实现国家公园建设目标的衡量标准。

一方面，根据建设高质量国家公园的要求，国家公园建设目标和原则的实现依赖于发挥国家公园在生态保护、科研、教育、游憩等方面所具备的综合功能，由政府承担为公众提供亲近自然、体验自然、了解自然以及作为国民福利游憩机会的义务，为此，国家公园空间布局和总体规划中必须考虑到自然观光、教育和旅游建设的需要。目前，国家公园的分区管理遵循生态保护优先、兼顾各类功能实现的模式，提出了先管控、后功能的二级分区模式，先将资源保护对人类活动产生的影响作为划分管控区的标准，后将资源发挥的功能和提供的生态服务作为划分功能区的依据。[①] 具言之，依据国家公园内不同区域对于人类活动的限度，即严格保护还是允许利用划分为核心保护区和一般控制区，接下来再按照功能类型在一般控制区内明确允许利用的用途。[②] 进一步而言，一般控制区作为承接人口和产业转移的缓冲地带，是实现资源合理利用的生产生活空间，因此合理功能分区是进行分类用途管制、提升国土空间利用效益的基础。首先需要规划足够区域保障原住居民的生产生活等生存需要，允许对区域内自然资源以维持必要生产生活为限度进行合理使用；其次应当划分科教游憩区，将教育和科研资源投放至一般控制区内的特定区域，通过建造配套措施和建立培训平台等方式，奠定国家公园有序开展公共服务的物质基础，从而发挥通过国家公园外部环境供公众自由选择进行积极体验，兼具生态、文化、休闲等有益作用的游憩功能。[③] 只有公众置身于国家公园游憩区，享受到了自然美并且提升了身心健康，才能说发挥了国家公园内森林、绿地等生态功能所带来的文化价值，满足了公众对良好生态环境体验的诉求，使得公众通过游憩享受到了生态文化福利，实现了国家公园的公益目

---

① 孙鸿雁、余莉、蔡芳等：《论国家公园的"管控—功能"二级分区》，《林业建设》2019年第3期。
② 刘超：《国家公园分区管控制度析论》，《南京工业大学学报》（社会科学版）2020年第3期。
③ 贾倩、郑月宁、张玉钧：《国家公园游憩管理机制研究》，《风景园林》2017年第7期。

的。① 虽说国家公园的科教游憩区承担了实现公民一般使用权的责任，但科教游憩区的功能能否得到有效发挥取决于规划结果，作为由行政主体通过规划权掌握国家公园各类资源配置和使用的主导权，依据国家公园功能定位所制定出的规则产物，论证了合理配置权力对于保障一般使用权有效实施之间的逻辑关系。

另一方面，根据国家公园顶层设计的明确要求，国家公园管理机构承担特许经营管理，以及鼓励当地居民和企业参与国家公园特许经营项目的职责。在结合国家公园以保护完整服务功能的生态系统作为设立目标以及功能分区的划分依据等多重因素的基础上，国家公园引入特许经营制度作为实现生态保护与资源利用的结合体，实际上是社会公众行使特别许可使用权的一种制度表达。国家公园特许经营制度要求国家公园管理机构对一般控制区内涉及环境资源管理与利用的经营服务项目行使特许经营权，主要涉及能源、交通运输、水利、环境保护和市政工程等基础设施和公用事业。社会公众或者相关组织通过签订特许经营合同等相关法定程序，依法获得对国家公园内自然资源进行合理利用的权利，体现了国家公园维护社会公众生存权和发展权的双重目标，是特许经营制度在科学保护的前提下合理利用资源，发挥国家公园资源经济价值的重要体现。鉴于国家公园实施最严格保护原则和特许经营制度采取的严格准入机制，社会公众或者相关组织在取得特别许可使用权后，应当按照项目数量、类型、活动范围、经营时间等项目规划的明确规定进行合法合理使用，由此获取的经营收入来源于社会公众高效利用国家公园资源的经济效益。② 可以说，特许经营权作为特许使用权的具体表现，是由行政主体运用公权力实现公共用公物使用权的方式之一，因而如何配置特许经营权关系到能否实现全民共享这一最终目标。

三 管理权框定权力配置的主要面向

公共用公物管理权是保障公共用公物有效利用、维护公共用公物使用权的必要手段，合理配置管理权是满足公共用公物特性的必然要求。公共用公物管理权的对象、范围和程度等内容实际上规定了权力配置的主要面

---

① 潘佳：《国家公园法是否应当确认游憩功能》，《政治与法律》2020 年第 1 期。
② 刘翔宇、谢屹、杨桂红：《美国国家公园特许经营制度分析与启示》，《世界林业研究》2018 年第 5 期。

向，既要赋予行政机关明确的管理权限，防止出现资源管理不当或者效率低下的问题，也要防止出现权力扩大侵害公民权利的现象。公共用公物管理权构成了国家公园治理权力的共性内容，树立了国家公园治理中权力配置的基本要求。

（一）公共用公物管理权的界定

1. 公共用公物管理权的构成

公共用公物管理权作为对公共用公物主体、客体和内容等构成要件的高度概括，是指行政主体为了保障公共用公物实现公共使用的既定目的，而对公共用公物行使的管理权力。[①] 一方面，公共用公物管理权主体为行政机关或者法律法规授权承担行政职能的组织，必须具备明确的法律规定。比如《自然保护区条例》专门规定了自然保护区的管理主体，即国务院环境保护行政主管部门对全国自然保护区的综合管理权，国务院林业、农业、地质矿产、水利、海洋等有关行政主管部门在职责范围内拥有管理权。相应地，公共用公物管理权的客体是公共用公物本身，公共用公物的范围直接决定了法律适用和行政执法的范围。比如《自然保护区条例》条文规定的顺序，是先明确自然保护区是满足特定条件下予以特殊保护和管理的区域，后赋予自然保护区管理机构对发生于该区域内的砍伐、放牧、狩猎、采药、开垦、烧荒和开矿等行为进行处罚的权力，这两条相结合正是有权机关行使管理权的应有过程。

另一方面，公共用公物管理权的行使内容可以分为积极方式和消极方式，积极方式是行政主体主动作为以发挥和增进公共用公物的效益，消极方式是行政主体对妨碍公共用公物实现公用目的的行为进行制止。首先，公用负担是指当管理公共用公物时，管理主体有权出于达到公共目的临时使用他人之物。比如《突发事件应对法》第12条认可了行政机关为应对突发性事件，临时征用他人财产的合法性。其次，维护、修缮和恢复是指行政主体应当对公共用公物进行必要的维护和修缮，以保证公共用公物处于能够满足公共用途的良好状态。由于公共用公物在使用过程中必然受到减损甚至灭失，为了维护公共用公物，行政主体应当采取必要措施恢复公共用公物的使用效能。《环境保护法》第30条规定了在开发利用自然资源的同时，"应当依法制定有关生态保护和恢复治理方案并予以实施"的

---

① 王名扬：《法国行政法》，北京大学出版社2007年版，第249页。

内容，行政主体作为负有保护职责的主体，维护和恢复公共用公物应当成为其日常管理的重要组成部分。再次，防止和消除可能影响公共用公物公共用途的阻碍是指对于人为或者由自然因素引起的损害公共用公物的行为，行政主体应该予以及时制止。一方面，法律法规应当对人为造成的危害行为进行列举性规定，根据现实预设和评估对可能导致危害后果的行为进行追责，发挥行政主体执法的主动性。比如，对于影响铁路路基稳定或者危害铁路桥梁安全、涵洞安全的相关建设行为，行政主体必须责令停止危害行为，做到及时发现与事后追责紧密联系，是行政主体行使执法权的体现。另一方面，法律法规应当针对由自然因素引发危害的突发性和严重性等特征，规定事先预防和有效应对的机制。《环境保护法》第 30 条要求对引进外来物种以及开发、利用生物技术等行为采取措施，行政机关应当在审慎原则的指导下，采取严格的审查程序；《环境保护法》第 39 条还规定了监测和风险评估等制度用于实时监控。为此，行政机关应当建立起源头防控、实时监测、应急方案为一体的联动机制，才能全面有效地保护公共用公物。最后，积极作为扩大公共用公物的使用效能是指为了提高公共用公物的使用效益，管理者应当制定科学合理的规划管理方案，促进公共用公物使用价值达到最大化。公共用公物具有复合型使用价值，这就要求管理权兼顾各类价值，如《自然保护区条例》中展现了平衡经济和环境利益的思路，即管理机构在维护环境权的前提下，能够通过适当利用自然资源的行为获取经营性收入，而这些收入又可以更好地投入到公共用公物的日常管理中，从而形成自然资源保护和利用之间良好的循环关系。

2. 公共用公物管理权与所有权和使用权的关系

公共用公物管理权与所有权和使用权之间有着紧密联系，具体来说，所有权是管理权的来源，并且决定着管理权行使的方式，而管理权行使的目标和宗旨则是保障使用权的高效利用。一方面，若公共用公物属于全民所有，那么行政主体作为所有权的形式主体，自然无须通过其他前置程序就可以继受完整的公共用公物管理权；若公共用公物属于集体或者私人所有，那么行政主体需要通过征收、征用和地役权等合法方式获得管理权，相应地，管理权行使的方式、范围和时间都将依据管理权的取得方式而改变。另一方面，社会公众的公共用公物使用权作为基本权利之一，是行政主体行使管理权履行保障义务的内在动机。无论行政主体对公共用公物消极被动地维持原状、弥补损害，还是积极主动地扩大公共用公物的使用价值,都是为了保障社会公众使用权的顺利实现,符合配置管理权的基本准则和目标。

(二) 公共用公物管理权的具体适用

公共用公物管理权在国家公园内的具体适用表现为国家公园管理机构为了实现自然资源科学保护和合理利用的双重目标,经授权后对国家公园实施一系列的保护和管理措施。管理权的配置赋予了国家公园管理机构实施管理行为的合法资格,而管理权的行使则通过国家公园管理机构的保护和管理行为予以呈现,所产生的管理成效直接关系到国家公园体制改革的进展。国家公园管理机构是依法行使国家公园管理权的行政主体,明确的管理职责有利于框定管理权行使的范围,以"自然资源资产管理、生态保护修复、社会参与管理和科研宣教"等原则性机构职责为指引,以公共用公物管理权配置的目标和面向为准则,结合国家公园特性,方能实现国家公园管理权的合理配置。

首先,国家公园管理机构需要配置由确权管理、公园规划、监测评估、用途管制和生态修复等直接、正向保护等内容组成的管理权。国家公园管理机构对国家公园的保护和管理工作实施积极干预措施具体包括以下几点。一是对国家公园内自然资源保护和管理现状做本底调查,明确管理工作的重难点。二是结合实现生态系统功能和管理目标的要求,根据总体规划在时间和空间上的总体安排,在空间上制定针对生态修复、生态补偿和监测评估等具体领域的专项计划,在时间上依法编制管理计划作为国家公园日常管理的实施细则和行动依据,从而形成逻辑严谨和层次分明的由总体规划、专项规划和管理计划组成的国家公园规划体系。三是为了更好地实现国家公园精细化管理、增强管理权行使合理性的目标,国家公园管理机构应当建立健全天地一体化生态网络监测体系并且定期进行有效评估,对国家公园内栖息生境、资源要素和人类活动实施监测,是国家公园建设进行后续建设管控和生态修复的先决条件。这不仅为政府判断国家公园空间布局是否合理、资源配置是否充分提供了全面数据支撑,而且满足了公众了解国家公园生态环境和自然资源状况、参与国家公园治理、监督政府行为的权利诉求。[1] 四是在前期规划指引和监测支持的保障下,国家

---

[1] 王金南、秦昌波、苏洁琼等:《独立统一的生态环境监测评估体制改革方案研究》,《中国环境管理》2016年第1期。

公园通常会基于管理可行性和保护必要性的通盘考量，采取利用许可、用途变更审批和特许经营等手段落实用途管制，旨在明确国家公园资源保护和利用的秩序和强度，规范国家公园空间治理行为，并且通过划定功能区域，匹配精细化管控措施，引导空间资源合理流动，推动生态环境和社会经济的均衡与协调发展。① 五是接续国家公园用途管制实现生态保护第一的目标，国家公园管理机构应当据此以自然资源是否受到损害的现状为区分，采取维护或者补救的对应措施，既要对遭受破坏的森林、草地和湖泊等开展专项保护工程，也要监督建设项目在施工过程中的合规性，尽量减少对生态环境的不良影响。鉴于国家公园保护生态系统的紧要性，生态修复制度已经广泛运用于恢复和提升生态环境质量的场景，从"少破坏"上升到"更优化"的高度，属于生态环境增益的措施。② 生态修复作为一项复杂的系统工程，对业已遭受破坏以及仍需提升质量的生态系统，实行自然恢复和人工修复相结合的方式。

其次，国家公园管理机构采取的退出机制、应急预警风险防控、灾害防治、行政执法和禁止性规定等间接、反向防止生态损害结果发生的防御措施，也属于管理权的对象。从国家公园建设的时间进程来看，国家公园管理机构在管理初期应当对不符合国家公园规划的建设项目进行依法改造、拆除或者迁出，从源头上消除危害发生的可能性。比如：矿业资源开发遗留的生态环境问题较多，与国家公园生态保护这一目标的矛盾不断累积，矿业权能否有效退出成为评估建园成效的重要指标。这需要以国家公园设立边界和功能分区为依据，对矿业资源进行全面调查摸底和系统分类处置，使矿业权有序地退出国家公园保护范围。③ 为了规范政府权力义务关系，明确政府管理的权力边界，国家公园管理机构提前制定负面清单，划定生态保护红线，要求全域禁止开发性和生产性建设活动，并且强调在严格保护区内原则上禁止人为活动，这种禁止将产业开发资源引入自然生态空间的规定，是遵循功能分区后进行用途管制的具体表现。在国家公园日常管理中，国家公园管理机构应当根据危害发生的时间采取事前预防

---

① 杨壮壮、袁源、王亚华等：《生态文明背景下的国土空间用途管制：内涵认知与体系构建》，《中国土地科学》2020 年第 11 期。

② 裴敬伟：《生态修复法律制度的协同及其实现路径》，《北京理工大学学报》（社会科学版）2022 年第 3 期。

③ 黄宝荣、张丛林、邓冉：《我国自然保护地历史遗留问题的系统解决方案》，《生物多样性》2020 年第 10 期。

和事中应对相结合等管理方式，对动植物、外来物种入侵、山火和泥石流等自然灾害建立应急预案，而对开荒、狩猎、砍伐和挖沙等损害和破坏生态系统的人类行为依法行使行政处罚权，由执法机关对违法犯罪行为进行查处，再依据行为危害程度决定是否诉诸司法。

最后，国家公园管理机构应当创新特许经营监管、管理参与和利用参与等多种管理方式，寻求国家公园内实现自然资源保护和利用的双重价值。一方面，国家公园特许经营作为管理权和使用权之间联系最为紧密的领域，需要国家公园管理机构对特许经营项目行使审批权、监督权和财务管理权，通过审核项目规模、质量和价格水平，并且对特许经营活动实施全过程监管，以切实维护公共用公物使用权。另一方面，国家公园管理机构需要发挥管理权的服务和指引功能，从知情、管理、资金和监督等多个角度落实社会参与，这是行使管理权的必要内容。换言之，国家公园管理机构应当创造条件保障社会公众知情权、参与权和监督权，吸收社会力量参与国家公园管理顺应了环境治理多元共治的时代要求，有利于增强管理的科学性和民主性。信息公开制度作为影响公众参与意愿的程序性制度，弥合了信息不对称所带来的治理缺陷，是政府保障公民知情权的有效途径。信息公开属于政府生态环境信息公开的范畴，具有正式性及规范性、共享性和公共服务性等特征，[1] 应当由国家公园管理机构按职责搜集、获取和整理国家公园保护和管理过程中的相关信息，并且主动或者按申请向社会公布。另外，社区发展作为关系民生福祉、为全社会提供优质产品的重要领域，应当由管理机构与当地政府相互协作，打通园内生态保护与周边社区经济发展的隔阂，实现国家公园所涉空间生态良好、经济社会发展综合协调的路线。这不仅包括引导国家公园内社区居民的生产生活方式与当地生态系统相融合，成为真正践行人与自然和谐共生的方式，也包括通过入口社区和特色小镇等建设协助和促进周边社区居民的经济社会和文化发展，打破国家公园地理和管理边界的空间封闭性，提高社会公众尤其是当地居民参与国家公园建设的积极性，都是国家公园管理机构行使管理权的使命。

综上，研究公共用公物的所有权、使用权和管理权的权属与性质等相关内容不仅为国家公园治理中的权力配置提供理论依据，而且有利于提高

---

[1] 郑丽琳、李旭辉：《信息生态视角下政府环境信息公开影响因素研究》，《理论学刊》2018年第3期。

权力配置的合理性。第一，公共用公物所有权作为国家公园国家所有的本质属性，是国家公园治理中央地权力配置的标准之一，比如中央更加倾向于上收国家公园内属于公所有权自然资源的相关权力，而将所有权属于集体的自然资源管理权力留给地方。第二，维护公共用公物使用权作为国家公园治理的实际目标，应当将便宜保障公民权利作为权力配置的标准。第三，公共用公物管理权作为权力配置的直接来源，在协调平衡各类利益的前提下，有效框定了国家公园治理权力配置的基本范围和主要面向。

第二节　国家公园治理央地权力配置的规范依据

虽然我国国家公园治理领域的央地权力配置是一个新领域的新命题，但是它必须遵循现行法律规定，在已有体制框架内构建合理方案。国家公园作为涵盖山、水、林、田、湖、草等自然资源的集合区域，有关央地权力配置的依据须首先遵循宏观层面我国自然资源国家所有的宪法规定，其次寻求中观层面相关法律和政策性文件对于央地权力配置的规定，最后以微观层面的自然资源管理体制为基础，整合出更为合理的国家公园治理央地权力配置思路。

一　公私法层面中的自然资源国家所有

自然资源国家所有作为影响国家公园治理央地权力配置的依据，确认自然资源所有权是国家公园治理的第一步，也是论证国家公园国家主导的逻辑基点。自然资源国家所有的规定主要源于《宪法》第 9 条"矿藏、水流、森林、山岭、草原、荒地、滩涂等自然资源，都属于国家所有，即全民所有"，以及《民法典》第 246—250 条"法律规定属于国家所有的财产，属于国家所有即全民所有"，"矿藏、水流、海域属于国家所有"以及"森林、山岭、草原、荒地、滩涂等自然资源，属于国家所有"。上述规定分别被看作自然资源国家所有公权说和私权说的法律依据，为此，必须从公法和私法两个层面探讨自然资源国家所有的内涵，从而为国家公园治理提供坚实的规范基础。

（一）自然资源国家所有的宪法意涵

《宪法》作为我国的根本大法，以限制公权力、保护公民权利为立法宗旨和主要内容，在我国整个法律体系中处于绝对领导地位，发挥着统摄其他法律的重要功能。《宪法》第 9 条作为我国自然资源"国家所有"制度的文本载体，也成为我国自然资源领域相关法律确立某类自然资源属于国家所有的公法依据。要想深入了解《宪法》第 9 条有关"自然资源国家所有"的规范内涵，必须运用体系解释这一重要的宪法教义学方法进行解读。法律体系化是指法条之间形成的一种秩序化脉络关系，表现于前后法条在逻辑上具有协调性，以及单个法条功能之于整个法律的契合度，也就是说，对于《宪法》第 9 条的解释不仅关注于该条的内部结构和具体内容，还应当放置于整个宪法文本中进行关联性考察。[①] 一方面，必须明确两对基本概念即"国家所有"与"国家所有权"以及"全民所有"和"国家所有"的关系。首先，《宪法》第 9 条使用"国家所有"而非"国家所有权"的表述，导致学界一度出现"国家所有就是国家所有权"[②] 和"国家所有是国家或者全民所有制的宪法表达"[③] 的争论。目前，前者观点已经获得多数学者支持，其主要原因在于：虽然《宪法》本身具有宣示性作用，但从我国整体法律体系的架构和实施来看，《宪法》应当与下位法保持融通并且通过下位法进行具体化的贯彻落实。我国单行法设定自然资源国家所有权均将《宪法》第 9 条作为权源，[④] 因而将"国家所有"与"国家所有权"确定为同义，不仅符合法律解释和法律适用的要求，而且有利于析出其他相关权利（力）。其次，"全民所有即国家所有"在公有制国家是指国家所有权和全民所有制这一对上层建筑和经济基础的关系。[⑤] 这可以通过公共信托理论进行解释，即"法律上的国家所有和实质上的全民所有"，是指在全民无法实际所有自然资源时，国家受全民所托行使全民所有自然资源的立法权和管理权。另一方面，鉴于自然资源在经济和生态方面的重要性，立法者将自然资源看作关系国民经济命脉的生产资料，以及保证国民经济持续、稳定、协调发展的物质基础，将其纳入"基本经济制度"范畴中受到社会主义公有制约束。换言之，对于国家发展具有战略意义、作为生产资料使用的自然资源作为社会主义公有制的重要标的和实现社会主义的必要手段，需要借助政府这

[①] 焦艳鹏：《自然资源的多元价值与国家所有的法律实现——对宪法第 9 条的体系性解读》，《法制与社会发展》2017 年第 1 期。
[②] 税兵：《自然资源国家所有权双阶构造说》，《法学研究》2013 年第 4 期。
[③] 谢海定：《国家所有的法律表达及其解释》，《中国法学》2016 年第 2 期。
[④] 王克稳：《自然资源国家所有权的性质反思与制度重构》，《中外法学》2019 年第 3 期。
[⑤] 马俊驹：《国家所有权的基本理论和立法结构探讨》，《中国法学》2011 年第 4 期。

只看得见的手进行有效配置。这不仅有利于实现自然资源合理利用、公民基本权利得以达成的根本目标,而且有利于确保每个公民对于自然资源享有平等的控制权和利用权。① 因此,自然资源国家所有不仅是应然层面社会主义公有制在自然资源领域的有效延伸,而且是实然层面确保实现社会主义目标的组合模式,共同论证了自然资源国家所有的正当性。

在明确阐释《宪法》第 9 条有关自然资源国家所有的理论内涵后,必须对自然资源国家所有权的性质、主体和内容等重要组成部分进行分析,这是发挥自然资源国家所有权作用的关键步骤。首先,自然资源国家所有权是一种带有强烈公权属性的管制权或者说控制权。从自然资源的公共性和国家利用自然资源的实际作用来看,国家作为全体公民的受托人,虽然不能直接禁止私人利用的行为,却可以出于维护社会公平正义的考量,采取强制措施将自然资源的使用程度限制在不违背公共利益的范围内。这表明宪法上的自然资源国家所有并不强调拥有,而在于对自然资源的保护、用途的合理安排以及对使用权的公平合理配置。② 从自然资源国家所有的宪法文本来看,以第 9 条为规范中心,包含自然资源国家所有权的两种规制模式。第 1 款规定了自然资源国家所有的范围,以国家所有来限制公民使用是一种间接规制形式;第 2 款直接明确了规制的对象、范围和具体手段,是一种直接规制。③ 这两种规制模式都体现了自然资源国家所有既是履行国家责任的体现,也是国家采取规制手段的职权性所在。其次,自然资源国家所有权主体经由"层层代表"模式,实现由虚向实的法律构造。虽然《宪法》已经作出由国家代表全民作为自然资源所有权唯一主体的立法安排,但是国家作为政治概念也不足以成为行使所有权的现实主体,因而必须由国家机关代表国家行使自然资源国家所有权。这不仅形成了由全民、国家、国务院和地方政府组成的主体格局,而且据此构建了自然资源国家所有权代表行使权的分级行使模式。由于中央政府在实际管理过程中无法直接代表国家行使全国范围内全部自然资源的国家所有权,为了保证管理有效性,形成了所有权行使主体层层下放的现象,即通过政府内部的逐层授权,最终由各级地方政府代表国家行使所有权。④ 最

---

① 肖泽晟:《宪法意义上的国家所有权》,《法学》2014 年第 5 期。
② 肖泽晟:《论国家所有权与行政权的关系》,《中国法学》2016 年第 6 期。
③ 王旭:《论自然资源国家所有权的宪法规制功能》,《中国法学》2013 年第 6 期。
④ 郭洁、郭云峰:《论我国自然资源国家所有权主体制度的建构》,《沈阳师范大学学报》(社会科学版) 2019 年第 6 期。

后，自然资源国家所有权的内容又称为所有权权能，作为所有权制度的核心，是指所有权人依法享有的权利。自然资源国家所有权是国家对自然资源的积极干预之权和合理利用之权，作为一种公权性支配，对应国家在立法、行政、司法方面的权能，即立法权、管理权和监督权这三种基本的国家权力形态。[1] 其中，立法权能是指将行使所有权的方式和内容通过自然资源使用、管理以及收益分配等规则予以固定，比如已经出台的《湿地保护法》《长江保护法》《黄河保护法》，以及正在制定的"自然保护地法""国家公园法"等，都是发挥立法权能的成果展示；管理权能是指所有权人对自然资源进行利用和管理的权力，涉及资源产权的设定、分配与保护以及资源开发利用的标准和监管等方面；监督权能是指当国家作为代表行使所有权的主体时，社会公众可以基于委托人身份和公民监督权力要求的双重原因进行监督，比如进行控告和提起环境公益诉讼等。[2]

（二）自然资源国家所有的民法解读

"所有权"作为来源于民法的概念，是指权利人对物享有由占有、使用、收益和处分组成的最为完整的权能。传统民法上的所有权是以意思自治为基础的一种私权，认为无论所有权主体是国家、集体还是个人，都不影响所有权的私法性质，国家只是民事意义上物的所有人，国家所有权不应当因其主体上的特殊性而享有特殊保护，[3] 由此，国家所有权是指国家以民事主体的身份对国有财产享有的使用权。[4] 按照民法上关于国家所有权的私法逻辑，以及防止出现国家借用自然资源国家所有权与民争利的现象，将自然资源国家所有权按照民法解释界定为私法权利，是指国家作为所有权人享有对自然资源的排他性民事权利，可以通过市场机制出让给有偿使用权人。[5] 鉴于自然资源所有权民法说不仅可以在一定程度上遏制国家所有权的扩张，[6] 而且有利于国家所有权权能的发挥，最大化地保障自然资源效用有效发挥的优势，[7] 现有自然资源国家所有权的"双阶构造

---

[1] 巩固：《自然资源国家所有权公权说再论》，《法学研究》2015年第2期。
[2] 叶榅平：《自然资源国家所有的双重权能结构》，《法学研究》2016年第3期。
[3] 马新彦主编：《物权法》，科学出版社2007年版，第88页。
[4] 江平主编：《物权法教程》（第二版），中国政法大学出版社2011年版，第157页。
[5] 邱秋：《中国自然资源国家所有权制度研究》，科学出版社2010年版，第8页。
[6] 王涌：《自然资源国家所有权三层结构说》，《法学研究》2013年第4期。
[7] 崔建远主编，彭诚信、戴孟勇副主编：《自然资源物权法律制度研究》，法律出版社2012年版，第47—48页。

说""三层结构说"以及"权利层次说"等观点均肯定了民法意义上的自然资源国家所有权。同时《民法典》第 247 条对于自然资源国家所有权的确认作为由宪法意义转化成民法意义的规范依据，也成为联通公法和私法的桥梁，从而推导出民法上的自然资源所有权是宪法上自然资源国家所有在制度和权利上细化的结论，为国家通过设定用益物权使用自然资源提供了可能性。① 在确定自然资源国家所有的民法原理后，自然资源国家所有权的实现应当与传统所有权的适用规则保持一致，即适用对象为自然资源的市场化利用和增值保值等部分，适用方式是消除行政行为对自然资源权力形成的效力，达到所有权和监管权分离的状态。这就既要求以自然资源类型化和权利化为基础，达到私法调整物的特定化要求，以及实现事实形态迈向法律权利的转变；也以公用物的存在适当压缩国家所有权的客体范围，防止陷入过度国有化带来的挤压公用物范围的陷阱。②

由此可见，确立自然资源国家所有权的目的是决定性质的核心依据，从理论上来说自然资源所有权的根本目标在于有效利用，民法上的所有权作为最能实现自然资源经济价值的法律表现形式，似乎确实应当将自然资源国家所有归于民法概念。但是在生态文明建设持续深化的改革时期，需要优先考虑自然资源所承担的生态保护功能，因此，在充分发挥自然资源生态价值的基础上兼顾多元利益的合理实现已经成为当代共识。很明显，自然资源国家所有的私法路径无法保证公平分享、生存保障和生态保护等利用价值处于优先顺位，必须依赖国家运用公权力建立起自然资源国家所有的行使机制、监督机制和分配机制等。③ 换言之，通过公法路径建构起的自然资源国家所有具有更为重要的时代意义和现实价值，国家作为代表行使自然资源的所有权人，不仅能够平衡好生态价值和经济价值的实现秩序，而且奠定了中央管理自然资源权力的合法性基础。

（三）国家公园视域下的自然资源国家所有

国家公园相关的政策文件已经明确国家公园是实现自然资源科学保护和合理利用的特定陆地或者海洋区域，坚持国家所有的理念和国家主导管理的基本原则，将国家公园作为独立自然资源登记单元，对国家公园范围内自然资源所有权统一进行确权登记，是国家公园体制改革的重要任务。

---

① 单平基、彭诚信：《"国家所有权"研究的民法学争点》，《交大法学》2015 年第 2 期。
② 蔡守秋：《公众共用物的治理模式》，《现代法学》2017 年第 3 期。
③ 郭志京：《自然资源国家所有的私法实现路径》，《法制与社会发展》2020 年第 5 期。

上述规定是自然资源国家所有在国家公园领域的具体表达，可见，自然资源国家所有是国家公园体制改革的实践基础和理论支撑，直接关系到国家是否有资格批准设立和主导管理国家公园建设，强制推进国家公园在自然保护地体系乃至生态文明建设中的发展步伐，为此必须先界定国家公园内自然资源国家所有权的性质，后分析其运行模式和权能等。

国家公园内自然资源国家所有权属于公权性质，具体原因如下。一是国家公园的国家代表性和公益性定位。一方面，国家公园的国家代表性是指具有极其重要的自然生态系统和独特的科学内涵，其是我国自然生态系统中最重要、自然景观最独特、自然遗产最精华、生物多样性最富集的部分。[1] 鉴于国家公园在我国生态安全和环境保护事业中所占据的战略性地位及其所承载的生态价值，引领国家公园建设的主体既要具备统筹规划自然保护地体系的全局观，又应当有足够的政治权威和财政保障来实现国家公园的设立目标。只有国家能够积极行使自然资源国家所有权，在确保生态保护优先的前提下科学合理地利用自然资源，才能保障最广大人民群众追求美好生活的权利。另一方面，国家公园的公益性要求国家公园以实现全民共享为目标，着眼提升生态系统服务功能。这种惠及全体公民、体现社会公平正义的要求无法通过市场自由竞争达成，而是需要借助国家公权力尤其是中央政府权力采取有效措施进行宏观调控，既要为公民提供享受自然的国民福利，也要鼓励公民参与、调动全民积极性。二是国家公园实现自然资源国家所有方式具有强制性特征。[2] 我国自然资源分为国家所有和集体所有两种模式，为了实现国家主导管理的目标，国家公园必须运用合理方式改变部分自然资源集体所有为国家所有，或者保证能够为国家所用。作为国家层面的有关国家公园建设的最早的指导性文件，《总体方案》提出"优先通过租赁、置换等方式规范流转"；国家公园试点期间出台的一批地方规范性文件，分别对集体所有变国家所有的方式进行了罗列，即"确因保护需要的可以依法征收或者通过租赁、置换等方式进行用途管制"[3]，"通过租赁、置换等方式规范流转，或通过合作协议的方式实现统一有效管理"[4] 等。《国家公园法（草案）（征求意见稿）》等规范

---

[1] 《关于建立以国家公园为主体的自然保护地体系的指导意见》第 5 条。
[2] 李款、河亮：《对国家公园自然资源所有权问题的探讨》，《中国环境报》2019 年 8 月 26 日第 3 版。
[3] 《武夷山国家公园条例（试行）》第 35 条。
[4] 《神农架国家公园保护条例》第 22 条。

性文件遵循之前的改革思路，更为明确地提出了两条路径：一是通过租赁、合作、设立保护地役权等方式确保国家能够对国家公园内集体所有土地及其附属资源实施管理；二是通过赎买、置换等方式变集体所有为全民所有。《国家公园法（草案）》第 37 条规定的更为开放且全面，即：对划入国家公园区域内的集体所有土地及其附属资源，应当依法维护产权人的权益，引导相关利益主体通过多元化方式参与国家建设与保护。可见，无论是自上而下的政策设计，还是自下而上的实践管理需求，都属于带有公权力色彩的用途管制行为，离不开国家强制力予以保障实施。

在明确国家公园内自然资源所有权的公权属性下，我国不仅形成了中央政府作为直接行使者，省级政府作为代理行使者，国家公园管理机构作为具体执行者的主体架构，而且构建了保障自然资源所有权权能得以充分发挥的管理体系。一方面，鉴于国家公园生态系统功能的重要性、生态系统效应的外溢性、跨行政区域的现实性以及提高管理的有效性、自然资源产权制度尚未健全等因素，国家公园形成了两种管理模式，即中央政府直接管理和委托省级政府代理管理。从已经宣布正式建立的国家公园管理模式来看，只有东北虎豹国家公园明确由中央政府直接管理，其余国家公园均委托省政府进行代管。虽然这一数据将随着国家公园名单的扩充而不断更新，但是这不影响得出国家公园治理依靠政府这一公权力主体予以实施的结论。在国家公园保护和管理实践中，无论是中央政府还是省级政府，关于国家公园范围内全民所有自然资源资产所有权的行使都需要依赖具体职能部门予以执行和落实，国家公园管理机构依据法律授权或者行政机关内部"三定方案"获得管理国家公园内自然资源的相关权力，从而能够以自己的名义行使职权并且独立承担法律后果。另一方面，为了更好地行使自然资源国家所有权，充分发挥国家公园建设生态保护和资源合理利用的综合效能，国家公园一系列政策文件不仅在形式上要求加快研究制定专门适用于国家公园的法律法规，而且在实质上通过设定国家公园管理机构职责、协同管理机制以及监管机制等内容贯穿了积极行使监管权的要求。具体来说，首先，在中央层面制定"国家公园法"是行使国家公园国家所有权的必要步骤。制定国家公园法已经被列为十三届全国人大常委会立法规划二类项目，经过国家林草局全面细致的研究论证和起草，形成的《国家公园法（草案）（征求意见稿）》《国家公园法（草案）》已经先后两次公开向社会征求意见，这一举措释放了我国将制定国家公园专门立法的肯定信号，否定了制定"自然保护地法"代替"国家公园法"的猜测。制定法律有利于发挥立法对实践的指引和保障作用，这既是实现依法建园和国家公园改革目标的实践要求，也是国家所有权发挥立法权能的表现。其次，国家公园管理机构作为管理具体国家公园的行政主体，统一管理国家公园内全民所有自然资源资产，负责国家公园范围内自然资源经营管理和国土空间用途管制。为此必须赋予国家公园管理机构包括行政决策权、行政组织权、行政决定权、行政命令权和行政处罚权在内的管理权，包括但不限于以下多种主要表现形式。一是各国家公园管理机构有权依法对国家公园管理事项制定规划，该管理规划在综合考虑自然禀赋集成、人类活动以及保护目标等因素的基础上，将贯彻保护国家公园作为优先价值取向，在多规合一的背景下加快规划权的上收。二是按照国家公园管理规划和功能分区，国家公园管理机构有权采取征收、租赁、置换和签订地役权等方式实现土地规范流转，比如，各国家公园管理机构应当通过行政内部授权，成为代表政府在国家公园内行使保护地役权的地役权人，与集体签订地役权合同。① 三是各国家公园管理机构有权对国家公园内破坏自然生态系统和违反国家公园规划的相关行为进行罚款、没收违法所得和责令停产停业等行政处罚。四是构建央地协同管理机制是国家公园建设的必然选择，衔接好中央和地方政府的权力边界，既符合国家公园管理的现实需要，也是发挥中央和地方两个积极性的要求。将保护国家公园的管理效率作为划分央地权力的基本原则，应当将国家公园内全民公共服务类以及易于统一规范类事项划归中央政府进行管理，地方政府根据国家公园的具体管理实际做好生态保护配合工作，并且履行经济社会发展综合协调、公共服务、社会管理、市场监管等地方职责，为国家公园营造有利的周边环境。

二 涉及央地权力配置的法律与政策规定

现行法律与政策文件作为国家治理领域最为根本的要求，凝聚着立法者对现实的回应和对未来的预期，之所以能够成为国家公园治理央地权力配置的直接依据，原因在于：一是法律和政策的内容均以权力配置为核心内容，是国家公园能够实现善治的基础和依据；二是法律和政策

---

① 秦天宝：《论国家公园国有土地占主体地位的实现路径——以地役权为核心的考察》，《现代法学》2019年第3期。

所具有的强制性和指引性两大特性，表明央地权力配置应当因循法律和政策的硬性规定。我国目前国家公园治理中的央地权力配置所遵循的规则体系，主要由宪法、生态环境保护类法律法规和相关政策性文件组成。其中宪法规定了央地权力配置的基本原则和方向；生态环境保护类法律法规不仅透过央地政府环境保护的职责规定析出央地权力配置，而且最新出台的法律中已经有了关于央地权力配置的明示条款；政策性文件作为我国调整央地权力配置最为主要和普遍的形式，指导着央地权力配置的最新动态和未来走向。

（一）宪法的根本规定

《宪法》作为我国的根本大法，规定了我国国家建设过程中最为关键和根本的问题。政治领域作为我国国家治理中最为核心且重要的组成部分在《宪法》中得到了充分重视，体现于《宪法》条文设计与政治领域核心议题之间的高度关联性。具言之，《宪法》围绕着授予和限制权力以及维护权利而展开，涉及《宪法》制定和实施主体、程序以及不同权力该如何配置和运行等关涉国家治理的核心内容，可以说宪法根植于政治世界中，是政治共同体内部配置政治权力及其运行机制的政治制度。[1] 其中，分权问题作为《宪法》中限制权力的方式，是政治领域持续关注、不断调整的重要内容，从而成为连接政治和法律的重要纽带，基于此可以形成我国纵横维度上的两类分权模式，即立法、行政、司法的横向分权以及中央与地方的纵向分权。经过我国权力机关、行政机关和审判机关的角色定位和职责分工的不断明晰，目前横向分权已经相对完善，但是纵向分权的理论研究和实践效果一直处于不断探索完善的过程中，为此《宪法》第3条关于设置有关机构职责划分的条款，成为央地权力划分的原则性规定，即中央和地方的国家机构职权的划分，遵循在中央的统一领导下，充分发挥地方的主动性、积极性的原则。虽然该条并未明确使用"中央积极性"的提法，但是或基于对于中央统一领导有利于实现整体利益进而激发中央积极性的认识，学界普遍认同将"中央统一领导"引申为"中央积极性"，合并后形成的"两个积极性"原则作为民主集中制在权力纵向配置领域的体现，是指导国家公园治理视域下央地权力配置最为重要的根本性

---

[1] 欧树军：《"看得见的宪政"：理解中国宪法的财政权力配置视角》，《中外法学》2012年第5期。

规定和基本宗旨。

为了展现"两个积极性"原则在塑造央地权力配置关系中的作用，应当先对该条原则的由来做历史性回溯，展现其所承载的重要价值和立法原意，后对该条原则的规范内涵进行探讨，充分发挥理论指导实践的作用，为治理实践中的央地权力配置提供宪法规范。首先，我国央地权力一直处于动态调整变动之中，伴随着社会需求的不断改变而探索和调整中央统一领导、地方积极性和主动性的平衡过程。从宏观上看，我国央地权力变动的一大分水岭是从中华人民共和国成立初期实行高度集中的计划经济体制转变为改革开放后的社会主义市场经济体制。在我国生产力水平低下、生产结构简单、亟须快速恢复经济发展的时代背景下，将权力集中于中央，由中央直接掌控人财物等资源并对其进行统一规划，是运用集中力量快速实现国家稳定和政权统一的应然选择。当时这种权力结构直接体现在 1975 年《宪法》第 10 条"国家实行抓革命，促生产，促工作，促战备的方针，以农业为基础，以工业为主导，充分发挥中央和地方两个积极性"，以及 1978 年《宪法》第 11 条"在中央统一领导下充分发挥中央和地方两个积极性的方针"。虽然法条已经提出了促进中央与地方积极性的要求，但仍是以依靠中央政府承担促进生产力发展的任务，并且当时的地方政府还不是独立实体，仅扮演着行使中央权力的代理人角色，也没有真正获得地方自主权，因而地方政府不具备激发积极性的资格和能力。然而随着我国经济体制改革的不断深化，中央高度集权下的计划经济体制严重阻碍了地方积极性的有效发挥，难以充分满足人民日益多样性的需求，要求权力下放的呼声与权力过分集中的现状之间产生了激烈的矛盾。为此，1993 年社会主义市场经济体系的建立不仅推翻了计划经济体制和与之相伴的中央集权体制，而且打破了政治同质性，将经济与政治相分离。[①] 通过社会政治和经济领域发生的嬗变，立法者已经充分认识到激发地方活力的重要性，因此，1982 年《宪法》不仅将"两个积极性"作为指导央地机构职权划分的原则，而且在明确区分中央利益和地方利益的基础上，将中央统一领导定位于发挥指引和影响作用的同时，要求中央以激发地方积极性和主动性为目标，建立起与地方政府的良性互动关系，这是实现双方利益共赢的有效途径。可以说发挥中央统一领导与地方积极性和主动性原

---

① 李忠夏：《法治国的宪法内涵——迈向功能分化社会的宪法观》，《法学研究》2017 年第 2 期。

则是经过我国国家治理实践总结出来的优秀经验，在我国进入社会主义市场经济建设时期后，成为指导不同领域在不同时期通过权力上收与下放交替往复、动态调整过程的制度保障。

其次，对《宪法》第3条第（4）款进行全面解读要综合运用历史解释、文义解释和体系解释，从历史发展、规范现状、制度实践和改革趋势等方面进行综合考察，分别解释了中央统一领导、地方积极性和主动性的规范内涵。一方面，中央统一领导在规范与实践中主要通过组织结构、事权范围和执行机制予以展开。虽然中央统一领导已经从掌握全国具体事项的实际控制权转变为对全国性事务的指引和领导，但是必须以保证中央权威性为根本前提。

其一，中央通过纵向人事组织安排作为维护中央统一的政治抓手，即建立"下管一级、备案一级"体制，实现中央对各级干部的最终管理权。比如全国地方各级人民政府都是国务院统一领导下的国家行政机关，都服从国务院（中央人民政府）的安排，因此省长归属于国务院管理。从省长产生程序来看，省长是由中共中央组织部考察合适人选，经中共中央政治局及其常委会直接发文先任命其为省长提名人选，再通过省人民代表大会选举产生。

其二，事权范围是中央和地方国家机构职权划分的重点对象，中央统一领导的范围由中央国家机构的职权范围所决定，需要结合《宪法》中对国家机构职权的列举进行分析。根据《宪法》第62、67和89条有关全国各级人大及其常委会和国务院管辖事项的规定，从范围上看，中央事权囊括全国人大及其常委会和国务院的所辖范围，包括但不限于制定、修改和解释法律；选举、罢免国家领导人；审查和批准国民经济发展计划和执行情况的报告；批准省、自治区和直辖市的建置；撤销与宪法、法律相抵触的行政法规和地方性法规；以及概括性地指向经济、城乡、生态文明、教育、文化、卫生、体育、民政和公安等领域需要全国统一管理的事项等。从权力类别上看，主要包括全国人大及其常委会的审议和决定尤其是制定全国性法律的权力，以及国务院的行政管理权力。

其三，执行机制是指由中央国家机构负责落实和执行中央事权，国务院作为中央事项的具体执行者，依据不同事项而发挥统领全局的领导作用和实施直接的管理行为。具体来说，对于外交事务，统一领导全国地方各级国家行政机关的工作，编制和执行国民经济和社会发展计划和国家预算，批准省、自治区、直辖市的区域划分等重要事项必须由国务院直接管理；对于可委托给地方的中央事权，国务院应当侧重于进行统一领导，对地方政府进行直接管理，比如国务院领导和管理教育、科学、文化、卫生、体育和计划生育工作，具体交由地方政府具体实施，对于地方政府的实施效果进行检查和监督；对于央地共同事权范围内的事项，国务院则允许地方政府进行自主管理。①

另一方面，发挥地方积极性和主动性是检验央地权力划分是否具备合理性的检验标准，也是央地关系中一直探讨的重点所在。研究地方积极性和主动性问题必须置于央地关系的场景下，通过结合具体条文设计和社会情势等进行综合研判。一则，地方积极性不仅在表述上与中央统一领导呈现并列关系，具有一致性；而且在实践运作中主要通过事权配置和运行予以表现和发挥，因而地方积极性需要以事权划分的规范性和明确性为基础，以拥有与事权相匹配的财政资源为保障。事权划分的明确性是指事权配置要符合一般规律，规范性是指具体的中央与地方事权方案应在宪法和法律层面实现充分教义化。②《宪法》第99、104和107条分别规定了地方人大、常委会和人民政府的职权，是宪法对于地方事权的规范表达和原则性安排，并且在《地方各级人民代表大会和地方各级人民政府组织法》中设置专门章节予以细化。概言之，地方人大应当保证宪法、法律、行政法规的遵守和执行，通过和发布决议，审查和决定地方的经济建设、文化建设和公共事业建设的计划，享有对地方性事务的决定权；地方人大常委会主要讨论、决定本行政区域内各方面工作的重大事项，并且监督本级人民政府、监察委员会、人民法院和人民检察院的工作；地方各级人民则管理本行政区域内涉及国民经济社会发展需要的一切行政工作。如果说事权的明确与规范是激发地方积极性的显性条件，那么保障特定事权能否有效实施以及实施效果的财政资源配置方案则是隐形条件。我国在规范层面一直强调事权与财权相结合和财力和事权相匹配的原则，其中，财权是指一级政府为满足一定的支出需要而获得相应财政收入的权力，财力是指政府拥有的以货币表示的财政资源，可以说财力是包含财权在内的真正可支配

---

① 王建学：《中央的统一领导：现状与问题》，《中国法律评论》2018年第1期。
② 郑毅：《论中央与地方关系中的"积极性"与"主动性"原则——基于我国〈宪法〉第3条第4款的考察》，《政治与法律》2019年第3期。

的收入和财政资源,财力来源的广泛性是对财权事权关系的有益补充。① 换言之,激发地方积极性需要将明确的事权和财权配置规范作为前提条件,其基本逻辑在于若要求地方政府履行相关职责,那么则应当赋予相应的管理权力以及与之相配的财政事权,这是激发地方积极性、保障地方政府执行中央决定和命令的基本要求。二则,主动性不仅与积极性一道构成了规范地方权力配置的二元结构,与中央统一领导之间形成了逻辑联系,而且相较于激发地方积极性提出了更高要求,是需要地方政府在完成中央政府任务的基础上,结合地方经济社会发展的实际需求而主动有所作为,这就需要达到双重标准。第一重在于应当以积极性实施的场域为边界,只有在积极性被充分调动的时候,地方才会发挥主动性进一步巩固积极性所带来的成果,从而以实现地方发展和利益最大化为目标;第二重在于地方主动性是对中央意志的互动和补充,不仅受到中央主观意愿收放程度的约束,② 而且超越中央设置的最低要求,主动作为达到中央设置的更高目标。

(二) 生态环境保护法律法规的重要参照

虽然《宪法》规定了中央与地方国家机构职权划分的一般性原则,但是国家公园作为生态环境和自然资源的综合载体,还应当参考生态环境保护类法律对于中央与地方国家机构关于环境和资源保护的职权性规定。鉴于"国家公园法"尚处于草案阶段,按照立法对象与国家公园的关联度,目前中央层面主要有《环境保护法》《立法法》《湿地保护法》《长江保护法》《黄河保护法》《自然保护区条例》作为参考,《国家公园管理暂行办法》是截至2024年9月加强国家公园建设管理的最新部门规章;地方层面主要以《三江源国家公园条例(试行)》《福建省/江西省武夷山国家公园条例》《海南热带雨林国家公园条例(试行)》三部地方性法规为考察对象,符合地方立法先行为国家公园建设提供经验的目的所在。

现行中央和地方法律法规多通过对法条的分析,明确中央与地方政府管理事权和财权的划分。首先,具有明确政府职责特征的《环境保护法》是对政府的赋权之法,其与《立法法》相配合,共同完成了先明确地方

---

① 谭建立编著:《中央与地方财权事权关系研究》,中国财政经济出版社2010年版,第15页。

② 郑毅:《论中央与地方关系中的"积极性"与"主动性"原则——基于我国〈宪法〉第3条第4款的考察》,《政治与法律》2019年第3期。

国家机构的环境保护职责，后赋予生态环境保护权力的过程，大致确定了国家公园治理可能涉及的权力种类。《环境保护法》在原则上所规定的中央与地方的环境保护职责，是与国家公园治理权力关联度最高且最为重要的内容。《环境保护法》第10、13、17、20、21、31和39条中，规定了国务院环境保护主管部门有权对全国环境保护工作实施统一监督管理，通过根据国民经济和社会发展规划编制国家环境保护规划，建立健全环境监测制度，建立跨行政区域的重点区域，建立流域环境污染和生态破坏联合防治协调机制，采取财政、税收、价格、政府采购等方面的政策和措施，建立健全生态保护补偿制度，建立健全环境与健康监测、调查和风险评估制度等内容，赋予了中央政府履行上述职责的相应权力。与此同时，《环境保护法》第10、13、24条中规定了地方政府享有对本行政区域环境保护工作实施统一监督管理、编制本行政区域环境保护规划和检查排放污染物企业等权力。通过比较中央与地方政府的责任种类和范围可知，中央职责主要集中于需要统一规划或者适用于全国范围内的环境保护制度，而地方环保职责基本是在中央政府统一管理的框架下，对涉及本行政区域内生态环境保护的事项进行管理。若是中央与地方职责均涉及的事项，则按照地域范围进行划分，比如《环境保护法》第13条规定的中央有权机构制定国家层面的环境保护规划，地方有权机构则制定本行政区域的环境保护规划，共同构成我国环境保护规划体系。国家机构履职的必要条件是权力，法律在规定国家机构职责的本身就包含权力赋予。

其次，除了《环境保护法》以外，《水法》《渔业法》《森林法》《草原法》等环境资源单行法都涉及中央政府的生态环境保护职责，即由国务院水资源、渔业、林业和草原等行政主管部门负责全国范围内水资源、渔业、林业和草原等的监督管理、财政保障、规划制度、调查监测等工作。以首次在法律中明确规定"国家公园"的《森林法》为例，《森林法》第31条第1款规定"国家在不同自然地带的典型森林生态地区、珍贵动物和植物生长繁殖的林区、天然热带雨林区和具有特殊保护价值的其他天然林区，建立以国家公园为主体的自然保护地体系，加强保护管理"。虽然该条内容无法直接作为研究国家公园治理中央地权力配置的立法参照，但开启了"国家公园"这一概念入法的新篇章，成为建立如海南热带雨林类型的国家公园的直接法律依据。该法还规定了国家所有的森林资源的所有权由国务院代表国家行使，国务院可以授权国务院自然资源主管部门统一履行国有森林资源所有者职责等内容，为国家建立森林资源调查监测制度和天然林全面保护制度等奠定了基础。由此可见，所有权归属是国家管理自然资源的前提，国家公园作为各类自然资源的集合体，更要重视国家公园内统一确权的范围和方式，直接影响国家公园管理机构行使管理权的权限范围。

再次，从国家公园的保护理念、设立目标、管理模式和实现路径等设计来看，国家公园与自然保护区处于继承和发扬的关系，如今随着国家公园体制改革的步伐，原有的自然保护区将部分划归为国家公园，那么《自然保护区条例》关于国家级自然保护区管理体制的有关规定，对国家公园治理中的央地权力配置产生了一定的借鉴意义。按照《自然保护区条例》第19—24条的规定，从中央层面来看，国务院环境保护行政主管部门有权制定自然保护区管理的技术规范和标准，对自然保护地管理进行监督检查。自然保护区管理机构作为受到中央和省级政府自然保护区主管部门直接管理的国家机构，主要承担的职责包括：贯彻执行国家有关自然保护的法律、法规和方针、政策；制定各项管理制度；进行自然资源本底调查并建立档案；组织环境监测等。而地方政府承担自然保护区经费来源和居民迁出安置等保障责任，自然保护区所在地公安机关承担治安责任。根据职责规定与权力授予之间的正向相关性，自然保护区管理机构作为中央和省级政府的授权主体，享有执行权、制度制定权、监测权等，地方政府及其职能部门享有执法权和财权等保障性权力。在国家公园央地权力配置的过程中应当在遵循现有自然保护区管理体制下，结合国家公园特殊性在一定程度上调适中央和地方政府的权责分工。

复次，《国家公园管理暂行办法》的出台再次印证国家公园建设实践对于上位法依据的迫切需求，虽然从名称和层级来看，该办法具有回应性特征，但仍旧成为现阶段分析国家公园治理中央地权力配置关联性最大的规范性文件。该办法延续了国家公园体制改革的思路，将规划制定、确权登记、许可利用、资源管理、数据监测、社会服务等方面的权力上收，交由国家公园管理机构统一行使。在执法权的行使上，采取省级人民政府授权自然资源、林业草原等领域相关执法职责，以及公安、海警、生态环境综合执法机构等设置派出机构并行的模式，旨在加强依法处罚力度。

最后，地方立法是国家公园体制建设地方先行先试的重要内容之一，也是国家公园管理的重要依据。地方出台国家公园条例是地方行使立法权的体现，也是"一园一法"模式下的产物，旨在坚持体制创新，总结国家公园机构设置、权责体系和协作机制等方面的成功经验，以期将差异化管理的区域有益经验上升为国家法律，求同存异更好地在国家层面指导国家公园体制改革的整体布局。[①] 根据第一批公布的国家公园名单，选取三江源、武夷山和海南热带雨林国家公园的地方性法规为研究对象。三部条例是以省政府管理国家公园为背景出台的地方性法规，符合上收国家公园治理权力的规定。然而根据三部条例对于管理权限设置的内容，或由于地方管理基础和需求的差异性，或基于地方立法因循守旧的保守做法，三部条例均没有实现"一园一法"差异化管理的初始目标，但是仍然可以从中探求权力配置的经验，这也印证了合理配置国家公园治理权力尤其是央地权力的现实难度。具体而言，《三江源国家公园条例（试行）》规定国家公园管理机构应当统一行使包括生态保护、特许经营、社会参与和宣传推介等在内的自然资源资产管理和国土空间用途管制职责，具体是指编制规划、制定技术规划和标准、建立环境监测数据库和环境监测网络、健全特许经营制度、加强访客管理和保障公众参与权利等。《福建省/江西省武夷山国家公园条例》规定国家公园管理机构统一履行国家公园范围内的各类自然资源、人文资源、自然环境的保护与管理职责，包括建立省际协作保护机制、行使资源环境综合执法权和特许经营权、制定总体规划和专项规划、编制各类技术规划和标准、建立健全生态环境监测评价体系、制定灾害防控管理制度等。《海南热带雨林国家公园条例（试行）》规定国家公园管理机构履行生态保护、自然资源资产管理、特许经营管理、社会参与管理、科学研究管理、宣传科普推介等职责，主要是勘界定标、编制资产负债表、建立环境监测和生物多样性保护网络、开展生态系统修复、建立风险预警和防灾减灾机制、许可一般利用行为、行使特许经营权、建立健全社会监督机制等。整体而言，通过对三部条例的仔细对比可知，整体方向是由国家公园管理机构统一行使国家公园内的保护和管理职责，并且辅之以一定的执法权限；由地方政府行使园区内的经济社会发展综合协调、公共服务、社会管理和市场监管职责，以地方性法规的形式延续中央管保护、地方重发展的思路。由此，上收生态保护和资源管理事项的权限是地方立法的总体趋势，只是在一些具体事项上存在差别，比如关

---

① 秦天宝、刘彤彤：《国家公园立法中"一园一法"模式之迷思与化解》，《中国地质大学学报》（社会科学版）2019年第6期。

于特许经营权的主体，武夷山和热带雨林国家公园管理机构均拥有特许经营权，而三江源国家公园管理机构则未被明确赋予这一权力，具体如表 2-1 所示。

表 2-1　三部条例关于部分国家公园管理权的差异化规定

	三江源	武夷山	热带雨林
地方事务综合管理权主体（经济社会发展和社会管理等）	所在地县人民政府	所在地设区的市、县（市、区）人民政府	所在地市、县、自治县人民政府
生态环境统一执法权主体	三江源国家公园设立资源环境综合执法机构	武夷山国家公园管理机构实行相对集中行使行政处罚权，所在地人民政府联合执法	海南热带雨林国家公园管理局设置执法监督处，承担涉林执法工作，国家公园区域内其余行政执法职责实行属地综合行政执法
特许经营权主体	未明确	国家公园管理机构	国家公园管理机构

与此同时，中央与地方权力除了通过职责规定析出的管理类权力，还有更为根本且重要的立法权力。一方面，《立法法》第 7、8 条延续了《宪法》有关法律制定的内容，国家公园立法不仅作为事关生态文明法律体系的组成内容，在应然层面具有制定法律的合法资格；而且从顶层设计和实践探索中取得了大力支持和积极效果，进而在实然层面证明了中央制定"国家公园法"的必要性和重要性，得出了为国家公园立法当属"必须由全国人民代表大会及其常务委员会制定法律的其他事项"的结论。另一方面，国家公园治理既要在国家层面出台"国家公园法"作为上位法依据，确保国家公园体制改革全局的总体方向和基本内容，又要因地制宜，结合每个国家公园治理的特殊需要，出台地方性法规。《立法法》第72、82 条已经将地方立法权扩大至设区的市，并且明确设区的市人大及其常委会有权对环境保护类事项制定地方性法规，同时环境保护是省、自治区、直辖市和设区的市制定地方政府规章的具体事项。这一举措不仅是简单地上下分权，而且是授予国家机关制定地方性法规和规章的权力。[①] 很明显，试点期间地方将国家公园保护和管理作为立法对象，是地方积极作为行使立法权的表现，有多个省份出台了地方性法规。未来随着国家公园体系建设走上规范化和法治化的道路，国家公园地方立法也将从

---

① 徐祥民：《地方政府环境质量责任的法理与制度完善》，《现代法学》2019 年第 3 期。

试行立法走向正式立法，进一步提升地方立法的质量。

另外，财权划分一般规定于资金保障条款，目前多采用"加大生态环境保护和修复的财政投入"或者"建立财政投入为主的资金保障机制"等表述，作为对财权的概括性规定。随着《长江保护法》《湿地保护法》和《黄河保护法》的颁布，"按照中央与地方财政事权和支出责任划分原则，安排资金"率先成为财政保障的明示条款。虽然这一条款所规定的财政事权配置原则在我国有关事权划分的政策性文件中已经屡见不鲜，并且在理论研究和治理实践中也达成了共识，但是以法律的形式予以呈现仍旧是一大亮点。在此之前，国家公园地方立法对于财权配置的内容也有所规定，相较于规定资金保障机制内容的《三江源国家公园条例（试行）》《福建省/江西省武夷山国家公园条例》，《海南热带雨林国家公园条例（试行）》则更进一步规定"省人民政府根据中央和地方事权划分，建立多元化资金保障制度……"可见，无论是中央还是地方立法都显现出从法条设置上明确财权配置的趋势，这标志着我国生态环境保护法律正在朝着精细化目标不断迈进，赋予财政事权配置原则以明确的法律地位，有利于更好地发挥法律对人财物等关键问题的指引作用。

（三）政策文件的直接要求

与宪法、法律法规的原则性和稳定性相比，政策性文件更加具有针对性和时效性，是国家对治理现状所做出的快速反应。中央出台了多份文件对央地权力配置进行调控，需要梳理有关生态环境领域央地权力配置的文件，以及《总体方案》《关于推进国家公园建设若干财政政策的意见》，对国家公园治理央地权力配置进行对应性研究。

我国生态环境领域的央地权力配置不是一蹴而就的，而是经历了不断的摸索和实践。随着政府提供公共服务能力水平的不断提高，以及适度加强中央事权和支出责任要求的提出，2016年《国务院关于推进中央与地方财政事权和支出责任划分改革的指导意见》（以下简称《财政事权指导意见》）作为从政府公共权力纵向配置角度推进财税改革的首份重要文件，再次关涉环境保护领域的央地财政事权配置。首先，确定了适度加强中央财政事权力度和范围的要求。"全国性战略性自然资源的使用和保护等基本公共服务确定或上划为中央的财政事权"；"在条件成熟时……对全国生态具有基础性、战略性作用的生态环境保护等基本公共服务，逐步上划为中央的财政事权"。"属于中央的财政事权，应当由中央财政安排经费……中央的财政事权如委托地方行使，要通过中央专项转移支付安排相应经费。"其次，减少并规范中央与地方共同财政事权。"要逐步将……环境保护与治理等体现中央战略意图、跨省（区、市）且具有地域管理信息优势的基本公共服务确定为中央与地方共同财政事权……根据财政事权外溢程度，由中央和地方按比例或中央给予适当补助方式承担支出责任。"[1] 最后，保障地方履行财政事权。"加强地方政府公共服务、社会管理等职责。将直接面向基层、量大面广、与当地居民密切相关、由地方提供更方便有效的基本公共服务确定为地方的财政事权，赋予地方政府充分自主权。"该份文件通过划分生态环境保护领域具体事项的重要性和影响范围，按照管理的效率和积极性原则，从中央到地方依次归于中央财政事权、央地共同财政事权和地方财政事权的范畴，在一定程度上区分了中央与地方政府的生态环境保护的职责，从而起到了定分止争的作用。

在此基础上，为了进一步细化自然资源和生态环境领域具体事项央地政府间的事权财权，2020年6月我国分别出台了《自然资源领域中央与地方财政事权和支出责任划分改革方案》（以下简称《自然资源财政事权指导意见》）和《生态环境领域中央与地方财政事权和支出责任划分改革方案》（以下简称《生态环境财政事权指导意见》）。前者将重要性和影响范围作为央地财政事权的划分标准，依据自然资源保护和管理所涉及的具体内容，将自然资源领域央地财政事权和支出责任分为自然资源调查监测、自然资源产权管理、国土空间规划和用途管制、生态保护修复、自然资源安全、自然资源领域灾害防治六大主要事项。将其中涉及全国性、战略性、跨区域、中央政府直接行使所有权的全民所有自然资源资产等相关内容确认为中央财政事权；将涉及范围较广、发挥重要功能的事项确定为央地共同财政事权；将地方性事项确定为地方事权。后者也是沿用相同标准，对生态环境领域划分为生态环境规划制度的制定、生态环境监测执法、生态环境管理事务与能力建设、环境污染治理四大主要领域，以及政策、标准、技术规范等其他事项。

《总体方案》是关于国家公园体制改革的第一份专门性政策文件，央地权力配置问题是重要内容。其中，国家公园明确由国家确立并主导管理的有关规定肯定了国家公园中央事权的基调。同时，《总体方案》第10

---

[1] 秦天宝、刘彤彤：《央地关系视角下我国国家公园管理体制之建构》，《东岳论丛》2020年第10期。

条提出"构建协同管理机制。合理划分中央和地方事权"的要求,根据全民所有自然资源资产所有权行使的主体不同,形成中央政府直接管理和委托省级政府管理两种模式,国家公园管理机构履行国家公园范围内的生态保护、自然资源资产管理、特许经营管理、社会参与管理、宣传推介等职责;国家公园所在地政府行使辖区内经济社会综合协调、公共服务、社会管理、市场监管等职责。上述规定赋予了国家公园管理机构和地方政府相应地管理权力,在最新的政策文件中得到了继承。该份文件根据事权与财权相统一原则,设置了财权配置的条款:中央政府直接行使全民所有自然资源资产所有权的国家公园支出由中央政府出资保障。委托省级政府代理行使全民所有自然资源资产所有权的国家公园支出由中央和省级政府根据事权划分分别出资保障。《总体方案》虽然没有明确指出中央地方事权的配置原则,但已经按照国家公园管理模式对应明确了财政事权和支出责任的主体,成为直接影响国家公园治理央地权力配置的一贯思路。

  为了充分发挥财政职能作用,支持国家公园建设,改变国家公园建设资金保障不足的现状,2022年10月出台的《关于推进国家公园建设若干财政政策的意见》成为面向国家公园建设财政政策的针对性文件。该意见首先从宏观层面提出推进国家公园建设若干财政政策的总体要求,不仅在明确财政发挥主导作用的基础上,强调资金、税收和政府采购等多种内部方式协同发力,而且统筹多元资金渠道,吸纳更多的外部资金,提升国家公园建设的财力基数。其次,从中观层面明确了财政支持重点方向,主要包括生态系统保护修复、国家公园创建和运行管理、国家公园协调发展、科研和科普宣教、国际合作和社会参与五大方面,基本遵循了《自然资源财政事权指导意见》的规定。最后,从微观层面进一步合理划分国家公园中央与地方财政事权和支出责任。第一,明确的中央财政事权需要同时满足两个条件:一是国家公园由中央政府直接行使全民所有自然资源资产所有权;二是有关国家国家公园管理机构运行和基本建设。第二,确认为中央和地方共同财政事权的两种情形:第一种,所有国家公园的生态保护修复事项;第二种,中央政府委托省级政府代理行使全民所有自然资源资产所有权的国家公园基本建设。关于中央财政承担支出责任的限度,提出了中央财政倾斜性支持中央政府直接行使全民所有自然资源资产所有权的国家公园共同财政事权事项的标准。第三,地方财政事权的范围有所增加,从最初的国家公园内的经济发展、社会管理、公共服务、防灾减灾、市场监管等事项，增加了中央政府委托省级政府代理行使全民所有自然资源资产所有权的国家公园管理机构运行这一事项。对于国家公园央地财政事权的划分而言，中央财政事权主要涉及中央直管国家公园的基本建设和机构运行，央地共同财政事权主要指生态保护修复事项和委托省政府管理的国家公园建设；地方事权包含经济社会发展事项和委托省政府管理的机构运行。

三 自然资源管理体制的现行框架

国家公园由国家林草局负责整体管理，而国家林草局又受到自然资源部的直接管理，因此研究国家公园治理中的央地权力配置需要充分考虑现行自然资源管理体制的整体影响。我国目前形成的自然资源管理体制作为生态文明体制建设的产物，虽然产生于传统行政管理体制，但是已经充分考虑到国家保护自然资源、最大化发挥自然资源管理效能的改革目标。自然资源管理体制由管理机构、管理职责和管理模式三部分组成，即行使管理权力的主体、内容和程序，而表明检验权力合理配置的标准既包括权力内部分工明确、逻辑自洽，也包括是否具备适格主体等外部因素。管理体制是央地权力配置的显性表达，因此自然资源管理体制对研究国家公园治理中的央地权力配置具有重要影响。

（一）自然资源管理机构的设置

改革开放后40多年来高速发展的背后是生态环境的严重破坏和自然资源的日趋枯竭，我国已经意识到自然资源所具有的生态和资源双重价值之于人类可持续发展的重要地位，是故平衡经济发展和自然资源保护之间的关系已经成为横亘于国家治理中的重要命题。我国一直致力于改革自然资源管理体制，旨在充分发挥治理效应，使其成为能够将党和国家生态环保理念转化成治理成果的机制保障。其中，自然资源管理机构作为行使自然资源管理权力的主体，既是自然资源管理体制改革的基础部分，也是体现国家自然资源治理理念的实践载体，更是应对自然资源管理问题的重要对象。

我国早期按照土地、草原、林业和海洋等自然资源类别对自然资源进行分类保护。在遵循"七五"计划中有关资源能源节约、水资源利用、国土开发整治、生态保护领域提出的工作目标和定量指标的政策要求下，国家组建农业部、地质矿产部、国家土地管理局、能源部、水利部，并且明确国家海洋局为国务院直属机构,旨在高效实现各类自然资源开发利用的经济价值。随着我国对于自然资源使用方式的认识从高效利用转变为可持续发展,自然资源所承载的生态价值日趋引起重视。1998年国务院进行机构改革,组建的国土资源部取代了原有地质矿产部、国家土地管理局、国家海洋局和国家测绘局,统一负责土地、矿产、海洋等自然资源的调查、规划、评价、保护和利用管理。这是中央加大对自然资源的监管力度,并且在一定程度上实现自然资源相对集中管理的重要举措。虽然国土资源部的成立整合了土地、矿产和海洋三类自然资源,但尚未涉及林业和水资源等其他自然资源。按照我国自然资源管理机构以资源要素为部门划分标准的实践而言,出现管林草的部门不管水资源,管水资源的部门不管水生态环境等部门分割导致的生态环境保护绩效降低的现象,是多部门分头管理形成"九龙治水"的必然结果。[①] 为了积极应对现实挑战,党的十八大报告提出了资源节约集约利用和生态环境保护修复的目标,以及山水林田湖草综合保护的治理思路,使得自然资源管理成为贯彻整体系统观的主阵地。为此,2018年的机构改革成立了自然资源部,整合了原国土资源部及原国家海洋局、原国家测绘地理信息局,还有国家发展改革委、住房城乡建设部、水利部、原农业部和原国家林业局的相关职责,[②] 不再保留国土资源部、国家海洋局和国家测绘地理信息局,由自然资源部负责统一行使全民所有自然资源所有者职责,统一行使所有国土空间用途管制和生态保护修复职责。[③] 我国自然资源管理机构的集中统一综合化设置有利于实现自然资源的整体保护、系统修复和综合治理。纵观我国自然资源管理机构的变迁史,我国一直致力于从多部门分散管理到一体化综合管理的机构改革,以期改变分头管理所带来的管理效能低下现象。国家林草局作为自然资源部下属的国家局,加挂国家公园管理局牌子,管理全国范围内的国家公园,承担着管理者、监管者、供给者和传播者等多重身份。鉴于派出机构兼具"派"的权威和"驻"的优势,国家林草局跨地区设立15个森林资源监督专员办事处,主要负责自然资源资产管理和国土空间用途

[①] 常纪文:《国有自然资源资产管理体制改革的建议与思考》,《中国环境管理》2019年第1期。

[②] 吕忠梅、吴一冉:《中国环境法治七十年:从历史走向未来》,《中国法律评论》2019年第5期。

[③] 袁一仁、成金华、陈从喜:《中国自然资源管理体制改革:历史脉络、时代要求与实践路径》,《学习与实践》2019年第9期。

管制，监督辖区内森林、草原、湿地、荒漠资源和野生动植物进出口管理工作，有益于贯彻生态保护优先的宗旨。这不仅运用派出机构与上级机关之间领导与被领导的关系，加强中央对地方的管控能力，而且充分考虑到了生态环境差异化保护和管理的现实需求。

(二) 自然资源管理职权的配置

从自然资源管理体制的整体构成来看，设立自然资源部统一管理自然资源只是体制改革的第一步，而赋予其清晰且合理的管理职权，落实权力运行的制度保障才能真正实现管理体制的高效运转。从2018年《中共中央关于深化党和国家机构改革的决定》和《深化党和国家机构改革方案》的具体内容来看，自然资源部的具体职责主要有：履行全民所有土地、矿产、森林、草原、湿地、水、海洋等自然资源资产所有者职责和所有国土空间用途管制职责；自然资源调查监测评价；自然资源统一确权登记；自然资源资产有偿使用；自然资源合理开发利用；建立空间规划体系并监督实施；国土空间生态修复和管理国家林草局等重要职责。从管理职权的大小来看，在整合了多部门部分规划管理和确权登记的职责后，自然资源管理职权所涉自然资源种类之多、职责范围之广使得自然资源部成为拥有巨大职权的新设机构。从管理职权的内容来看，这些职责大致可以分为两类，即国有自然资源资产所有者职责和自然资源监管者职责，其他相关职责都是对上述两项职责的具体阐述或者保障性内容。具体来说，所有者职责侧重于实现自然资源的经济利用价值，主要涉及自然资源开发利用和有偿使用等；而监管者职责倾向于实现自然资源生态价值，以用途管制为手段实现国土空间生态修复的干预职责；而自然资源统一确权登记和"多规合一"空间规划则是履行所有者职责、进行自然资源统一管理的前提。[①] 国家林草局主要对林业和草原进行生态保护修复，以及对林业、草原、森林、湿地、陆生野生动植物等自然资源和各类自然保护地进行监督管理。换言之，国家公园管理局的职责是以国家公园范围内自然资源为管理对象，以实现生态保护目标为赋予管理权限的标准，继承了自然资源部的角色定位和管理责任。

(三) 自然资源管理机制的构建

自然资源管理机制是指自然资源管理机构与其他相关部门之间的协

---

① 叶榅平：《新体制下自然资源管理的制度创新与法治保障》，《贵州省党校学报》2019年第1期。

作机制，实际上是各部门权力的协调。以自然资源部为例，其不仅需要协调与生态环境部等其他部委的横向权力配置关系，而且需要划分与地方自然资源管理机构间的纵向权力配置关系。一方面，自然资源部不仅需要理顺与生态环境部在一定范围内存在的职责交叉内容，而且在行使职权过程中需要与财政部、国家发改委、水利部和农业农村部等相关部委建立良好的沟通配合机制。首先，自然资源部和生态环境部作为完善政府生态环境职能的部门，是实现生态环境保护机构横向职能整合的改革成果，二者不仅均具有"增权赋能"的显著特征，而且相互之间是区分生态与环境的一体两面关系。虽然生态环境部将原本分散于其他职能部门的污染防治与生态保护的职责相整合，形成了统一行使生态环境监测和执法的职能，[①] 自然资源部统一行使全民所有自然资源资产管理者职责，从而较为明确地实现了管理权和执法权的有效分离，但是在自然资源发挥生态价值的作用下，资源与环境具有不可分性，承担生态保护和修复责任的自然资源部与履行环境污染治理职责的生态环境部的职能在执法权和监管权中存在一定交叉。比如原环保部依据我国地理大区划分，设立了华北、华东、华南、西北、西南和东北六大督察局，有利于完善环保督察体制，加大环保督察力度，构建国家环保督政体系。其次，自然资源部在运行过程中也必将与其他部委产生关联，比如自然资源部在制定国土空间规划时应当与负责制定国家经济和社会发展政策与规划的国家发改委相协调，共同服务于国家治理和全面发展的大局；又比如虽然自然资源部与水利部都负有保护和管理水资源的责任，但对于水资源合理开发利用和水资源保护等重要事项仍交由水利部管理。为此，水利部下设七个流域委员会，分别是长江、黄河、淮河、海河、珠江、松辽六个水利委员会和太湖流域管理局，以期更好地对全国重要江河进行重点管理，打破行政区划导致的多头管理现象。另一方面，自然资源部和地方政府自然资源管理部门实行层层授权的垂直管理机制。我国是由自然资源部代表中央将全民所有自然资源所有权层层下放给地方，由地方政府自然资源管理部门代表行使所在辖区内的自然资源所有权，由此形成了规范层面的自然资源部代表行使与实践层面的地方政府自然资源管理部门共存的央地管理体制现状。

---

① 张则行、何精华：《党的十八大以来我国环境管理体制的重塑路径研究——"内部控制"视角的分析框架》，《中国行政管理》2020年第7期。

目前对自然资源保护和管理影响最大的两项措施是生态环境保护综合执法和环保垂直管理，前者分化了自然资源管理领域的统一执法权，后者则为自然资源统一保护奠定了基础。我国出台的《关于深化生态环境保护综合行政执法改革的指导意见》《关于优化生态环境保护执法方式提高执法效能的指导意见》《生态环境保护综合行政执法事项指导目录》（2020 年版）等一系列有关生态环境综合行政执法的政策性文件，将部分自然资源的执法权限划归生态环境部门，逐步建立了跨部门的生态环境保护综合行政执法体系，以期实现更为精细化的权力划分。关于生态环境领域综合执法权的法律地位，已经可以在 2021 年《行政处罚法》第 18 条规定的在生态环境等领域推行建立综合行政执法，相对集中行使行政处罚权的条款中得到了一定程度上的肯定。[①]与此同时，环保垂直管理改革对自然资源保护和管理也产生了重要影响。2018 年《关于统筹推进省以下生态环境机构监测监察执法垂直管理制度改革工作的通知》确立了环保领域采取省级以下垂直管理的模式，重点将环保监测、监察和执法机构由省级环保部门统一管理，省政府具备了解决省辖范围内跨区（流）域环境治理问题的条件，为全国范围内跨区（流）域环境治理工作的整体推进奠定了基础。[②]一方面，上收生态环境保护监察职能能够强化省政府的权威，压实地方政府完成环境治理任务的执行责任，是环境管理体制纵向权责分配"收权压责"特征的一大表现形式；另一方面，上收环境质量监测职能有益于保障国家制定环境政策的科学性。环境监测数据是国家统筹协调生态环境治理工作的信息来源，但地方政府往往出于政绩考量选择与本地环境监测机构合谋，出现篡改环境数据的违法现象，只有上收环境监测权打破信息不对称所引发的负面影响，才能保障环境监测数据的真实性。[③]环保垂直管理改革作为深刻改变我国环境监管执法体制的手段，不仅极大提升了环境治理效能、推动了环境法律的有效实施，而且表明了我国将减少环境管理层级作为环境监管转型的基本方向。[④]很显然，国家公

[①] 杜辉：《生态环境执法体制改革的法理与进阶》，《江西社会科学》2022 年第 8 期。
[②] 熊超：《环保垂改对生态环境部门职责履行的变革与挑战》，《学术论坛》2019 年第 1 期。
[③] 张则行、何精华：《党的十八大以来我国环境管理体制的重塑路径研究——基于组织"内部控制"视角的分析框架》，《中国行政管理》2020 年第 7 期。
[④] 陈海嵩：《我国环境监管转型的制度逻辑——以环境法实施为中心的考察》，《法商研究》2019 年第 5 期。

园的保护特性和管理需求更需要在环境垂直管理模式的基础上，将权力上收范围从具体事项扩展到国家公园领域，而国家公园上收管理权至中央或者省级政府的模式选择，正是建基于上收监测检察执法权力和设置派出机构等环保领域的已有实践，作为在重要领域提高权力上收层级的一次调整。国家公园上收管理权实际上是环保领域引入垂直管理模式的具体呈现，旨在通过减少科层制下委托代理关系的层级，加强中央政府对于国家公园保护与管理的宏观调控能力，消减我国在原有以块为主的环境保护体制下，地方政府各自为政、重发展轻环保的思路阻碍大生态保护格局的不利影响。

综上所述，研究国家公园治理中的央地权力配置不仅在规范层面拥有法律和政策依据，而且在实践层面具有体制建设的经验。一方面，国家公园治理中的央地权力配置遵循的法律依据主要追溯至自然资源国家所有和"两个积极性"原则。换言之，国家公园治理中的央地权力配置以自然资源国家所有为基础，以发挥"两个积极性"原则为央地权力配置的标准。而其他相关生态环境保护类法律法规和国家政策性文件都是对中央和地方政府涉及国家公园的生态环境保护职责进行规定，从中导出权力配置思路和央地政府的角色定位。另一方面，国家公园治理中的央地权力需要基于现行自然资源管理体制框架，结合国家公园保护和管理特性进行配置，实现指导国家公园治理实践的最终目标，因而遵循现行法律和体制框架形成的央地权力配置是依法治理的必然要求。

第三节 国家公园治理央地权力配置的划分维度

虽然我国国家公园治理中的央地权力在实际配置过程中将细化为四种具体权力类型，但是这四类权力只是外在表现形式，要想实现央地权力的合理配置，必须内在地理顺和平衡以下三组关系，才能为后续具体权力配置提供参照。首先，权力上收与下放作为我国央地权力配置的动态调整过程，是检验我国国家公园治理中的央地权力配置是否具备合理性的形式标准。其次，国家权力与公民权利作为宪法的两对基本范畴，表明了我国一切国家权力配置都以保护公民权利为目标，彰显了以权利为本位的宪法精神。最后，环境权与发展权作为国家公园治理的两类权力属性，贯穿于中央和地方两个层面权力配置的始终，是达到良善治理、维护空间正义的实质标准。

一 权力上收与下放地方是形式外观

将权力上收至中央还是下放给地方是任何政治体制的国家都必须面对的问题，也是纵向管理体制中的核心内容。我国实行中央集权型单一制的国家制度结构，中央与地方政府的关系是单一层面的关系，地方权力来源于中央授权，[1] 因此我国建立的中国特色民主集中单一制已经回答了我国对于权力上收与下放的基本态度。自党的十一届三中全会以来，随着我国政治、经济体制的不断完善，虽然央地关系一直处于"集权—分权"的动态循环过程中，但是调整方式已经从之前粗放的"一刀切"过渡到分重点、分阶段和有序化的阶段，并且正朝着纳入法治轨道的要求迈进。发挥中央和地方积极性旨在实现中央与地方权力纵向配置过程中中央集中统一与地方自主权的有机结合和良性互动，是推进国家治理体系和治理能力现代化的宪法规定，[2] 也是包括国家公园治理在内的所有领域应当遵循的共性规律。

改革开放后我国权力纵向配置总体可以分为三个阶段，分别以1994年分税制改革和党的十八届三中全会为分界点。第一阶段，改革开放初期到1994年分税制改革之前，主要以分权和放权为整体趋势。首先，1982年《宪法》和《地方各级人民代表大会和地方各级人民政府组织法》的出台，将立法权主体由原来中央一级扩展到省级人大、省级政府、省级政府所在地的市和国务院批准的较大的市的人大和政府。其次，《关于修订中共中央干部管理的干部职务名称表的通知》将原有"下管两级"改为"下管一级"。再次，中央下放企业管理权、投资管理权和经济计划审批权等一系列经济管理权力。最后，中央财政体制先实行"划分收支、分级包干"，后实施"划分税种、核定收支、分级包干"，地方只需要向中央缴纳固定比例的财政收入，此举极大地调动了地方积极性。在这一阶段，中央扩大了地方的立法权限、干部管理权限、行政管理权限和财政管理权限，全方位多领域地呈现出放权让利的时代特点。[3] 虽然地方权力的

---

[1] 童之伟：《国家结构形式论》，武汉大学出版社1997年版，第236页。
[2] 任广浩：《充分发挥中央和地方两个积极性的制度内涵》，《中国社会科学报》2019年12月12日第1版。
[3] 任广浩：《当代中国国家权力纵向配置问题研究》，中国政法大学出版社2012年版，第90—91页。

扩张为我国经济社会持续快速增长奠定了坚实基础,但也直接导致了中央财政收入增长乏力而陷入困境,使得中央在经济上的宏观调控能力减弱,进而影响到中央政治权威,不利于国家统一和治理。[1] 为了遏制这一趋势,1994 年的分税制改革不仅是财政体制的一次重大变革,而且也成为关涉央地关系调整的一项重大举措。1994 年分税制改革到党的十八届三中全会召开之前是第二阶段,以中央适度上收权力为主要特征。一方面,分税制改革提出按照税种划分为中央税、中央与地方共享税、地方税,将关系国家大局和宏观调控的税种划归中央,与地方经济发展和社会发展关系密切以及适合于地方征管的税种划归地方,至此,中央财政收入得到迅速提高并且重新占据主导地位,随着财权的上移,增强了中央政府的财政汲取能力和分配能力;[2] 另一方面,虽然中央政府一直致力于进行行政审批和简政放权的改革,进一步下放审批权和实体经济的管理权,但是中央在不同阶段也有针对性地上收了部分权力,比如在海关、工商、税务、国土资源和环境保护等重要领域实行带有强烈权力集中性质的垂直化管理体制,是中央上收权力的典型手段。虽然分税制改变了"弱中央、强地方"的旧央地关系格局,令中央加强了对地方政府行为的控制和调节,但是地方政府事权也即支出责任范围并没有作出相应调整,事权财权之间不匹配的现象愈加严重,直接影响到国家治理的整体效果。在此前提之下,中央和地方的权力上收和下放关系进入更为精细化调整的第三阶段,即党的十八届三中全会至今,形成了权力上收与下放并行的动态纵向配置体制。一方面,随着 2015 年《立法法》的修订,设区的市也被纳入行使立法权的主体范围,中央进一步下放立法权是激发地方自主性的重要表现。另一方面,党的十八届三中全会要求将国防、外交、国家安全以及关系全国统一市场规则和管理等事项作为中央事权;将区域性公共服务列为地方事权。2016 年进一步将中央财政事权扩大至出入境管理、国防公路、国界河湖治理、全国性重大传染病防治、全国性大通道、全国性战略性自然资源使用和保护等基本公共服务事项。中央上收事权的行为和方式既保证了中央在关键领域的绝对控制权,维护了中央权威和集中统一领导的体制,又表明了中央承担基本公共服务的职能定位,更体现了央地权力关系逐步制度

---

[1] 刘剑文:《地方财源制度建设的财税法审思》,《法学评论》2014 年第 2 期。
[2] 冉富强:《宪法视野下中央与地方举债权限划分研究》,中国政法大学出版社 2014 年版,第 24 页。

化的良好走向。[①]

从我国权力上收和下放的历史演进过程来看，无论是中央上收权力还是下放权力至地方，都是为了服务于我国的治理实践，均具有必要性和合理性。为了适应央地关系日益复杂的现状，不仅需要明确界分中央与地方权力的行使范围，还要加强各领域间权力配置的协调互动，这既是权力上收和下放过程中互动共存的基础，也是央地权力规范化、制度化的标志，有利于避免我国央地关系陷入"一抓就死，一放就乱"的怪圈。由此可以总结出三条规律，其一，我国适度上收权力不仅符合我国"超大国家"治理的现实需求，而且是确立中央统一领导权威的应有选择。一方面，我国具有地域规模辽阔、人口总量大、社会结构复杂、地区发展不平衡四大特点，前两项特点要求中央必须具有统管全局的能力，后两项特点证明只有在赋予中央应有权力的前提下，才能够凭借中央力量扭转地区发展不平衡、社会不公正的局面；另一方面，通过权力上收加强中央权威是央地体制改革取得成功的保障，也是保持社会稳定、维护社会秩序的要求。央地关系是一个需要兼顾国家统一稳定和民主政治的全面性改革，在保证中央对地方有效控制的同时，还要保障地方自主性的发挥，为此，中央必须拥有足够的权力才能确保改革方向的正确性。中央上收权力的另一层优势在于集中力量办大事，这主要体现于既无法通过市场经济进行调控，又与保障和改善民生密切相关的基本公共服务领域，只有适度的上收权力才能维系社会的良性运转。其二，地方分权既是社会进步的标志，也是经济政治发展的必然要求。地方分权是民主政治的代表，有利于克服中央过度上收权力导致的模式僵化和官僚主义等弊端，确保地方管理既符合国家意志，又满足地方选民的利益，为人民群众的政治参与提供合理空间。只有当权力下放至地方后，地方政府才能够因地制宜、自主处理地方事务，充分发挥地方政府的积极性和自主性。[②] 其三，权力上收和下放已经呈现出渐进式和多维度的新型特征。我国央地权力关系已经从早期国家层面各领域整齐划一的上收和下放过渡到不同领域呈现交替并行，再到如今按照权力类型、事项性

[①] 李康:《新中国 70 年来经济发展模式的关键：央地关系的演进与变革》,《经济学家》2019 年第 10 期。

[②] 熊文钊:《大国地方——中国中央与地方关系宪政研究》,北京大学出版社 2005 年版,第 131—133 页。

质进行细致划分的混合结构。具体来说，我国目前央地关系已经日趋稳定，不再可能出现大规模的权力上收和下放改革，而是更加注重于立法权、人事权、事权和财权在不同维度或者不同政策下形成的权力上收和下放并行的多元组合，进而在中央与地方各领域之间达成权力配置的最优解。[1] 例如，中央在下放立法权的同时明确了地方立法权限的内容，以及中央通过专项转移支付等方式影响地方财政事权等，这种动态调整、细致复杂的规定对央地权力的合理配置提出了更高层次的要求。

我国国家公园治理中的央地权力配置就是研究某一具体权力应当归于中央还是下放地方，才能更好地实现国家公园治理效能最大化的效果。虽然国家公园已经明确是属于中央直接管理或者委托省政府管理的关键领域和重点事项，但是仍然需要将一定权力下放给地方，这不仅有利于借助地方在信息和管理方面的优势，防止出现中央信息不对称导致的决策失误，而且是发挥地方积极性、保障公民参与度的现实需求。因此，国家公园治理中的央地权力配置是将国家公园治理过程中的所有权力先进行类型化处理，再根据国家公园的政策要求和治理需求，最终决定具体权力应当上收还是下放。按照早期《总体方案》的政策设计，对于生态保护、自然资源管理和特许经营管理类权力应当上收中央，对于经济社会发展综合协调、公共服务、社会管理和市场监管类权力应当下放至地方。但随着国家公园体制改革的逐渐深入以及对试点期间经验的不断总结，《关于推进国家公园建设若干财政政策的意见》等政策对于国家公园治理权力上收和下放有了更为清晰的方向，即在延续《总体方案》按照权力类型划分的基础上，将国家公园管理模式作为划分权力的又一道标准，即将中央直管国家公园的权力上收至中央，将委托省政府管理的国家公园的权力下放至地方。

二 国家权力与公民权利是实质内容

国家权力与公民权利作为现代国家治理的两个基本问题，自然成为宪法和法律中的两大基本内容。西方对于现代国家本质的研究正是遵循国家权力和公民权利的嬗变路径，尤以韦伯和马克思最为典型。韦伯的官僚科层制认为现代国家实行理性化统治，以维护官僚制为目的，强调行使行政

---

[1] 张永生：《中央与地方的政府间关系：一个理论框架及其应用》，《经济社会体制比较》2009年第2期。

管理权力建立现代国家的纯粹性;①而马克思的工具主义国家观则将政府看作公共利益的代表者和实现者,以运用政府权力为主要方式。虽然国家权力和公民权利的二元性由于思维和历史的局限性出现了对立,但是随着国家治理实践的推行,国家权力向公民权利的回归才是权力发展的内在规律,而民主化的公民权利正是现代国家最为核心的内容。换言之,国家权力的确立是现代国家的前提条件,而现代国家建立的目的是保障领土主权范围内的公民福祉。②因而即使二者在具体内容、权利(力)指向、保障方式等方面均具有明显差异性,也不妨碍二者之间相互依存、转化和制约的关系。具体来说,一方面,国家权力来源于公民权利的让渡,这就决定了国家权力配置以实现公民权利为目的,在配置过程中不仅应当受到公民的监督和约束,还应以不侵害公民权利为最低限度;另一方面,公民权利又要依靠国家权力进行确认和保障,国家权力以保护公民集体权利为目标,这就需要国家权力设置规则防止出现公民在行使权利时,为了满足个人利益而损害他人合法权利的现象。③为了实现国家权力和公民权利的有机统一,我国在政治层面确立了人民民主专政的国体和人民代表大会这一基本制度,在法律层面制定以国家权力和公民权利为基本内容的根本大法——《宪法》。

国家权力是治理国家、维护国家安全和秩序、推动国家发展的公共政治力量,也是为实现国家职能而行使的立法权、行政权和司法权的公权力的总称;而公民权利则包含政治权利(选举权、言论和结社等)、经济权利(劳动、就业和投资等)和社会权利(教育、环境、医疗等)等。④鉴于国家权力的强制性和公共性,以及公民权利的复杂性和正当性,以法律形式约束国家权力、确认公民权利既是制定宪法和法律的核心内容,也是规范公民权利和国家权力关系,使之走向整体和谐的保障路径。虽然宪法功能是为了解决国家权力的配置方式以及国家权力和公民权

---

① [德]马克斯·韦伯:《经济与社会》(下卷),林荣远译,商务印书馆1997年版,第227页。
② 曾毅:《"现代国家"的含义及其建构中的内在张力》,《中国人民大学学报》2012年第3期。
③ 郭建勋:《论法治社会建设进程中的权利与权力问题》,《哈尔滨师范大学社会科学学报》2019年第1期。
④ 张勇:《政治发展的主题与逻辑:国家权力、公民权利、国家治理能力建构》,《中共福建省委党校学报》2016年第9期。

利的宏观设计问题，法律内容则是为了解决国家权力的具体形式和行使方式以及公民权利具体实现路径的微观落实问题，但是，二者的公共目的都强调在保障公民政治经济权利的同时控制和激励权力，从而充分发挥公权力治国理政的作用。① 可以说法律是融合国家权力和公民权利的实质载体，这也印证了在研究国家公园治理中的央地权力配置问题时，需要回归宪法和法律规定的原因。

国家公园治理作为现代国家治国理政的具体领域，同样需要合理运用国家权力保障公民权利，国家公园治理中的国家权力也要受到公民权利的制约，并将实现公民权利作为国家权力配置的标准。国家公园中的公民权利主要体现为公众享有国家公园所带来的美好环境、享受自然环境教育、亲近自然、体验自然和游憩等方面的权利，以及公众参与、监督国家公园管理的权利。而国家公园治理中国家权力的行使主要体现为制定国家公园法律法规、管理和保护国家公园内自然资源、保障公众参与、协调周边社区经济发展等方面。可以说国家公园治理是公众为了实现上述权利，委托国家行使立法和管理权等相关权力、达成最终目标的过程。基于国家公园治理过程中公民权利和国家权力的关系，当配置央地权力时，既要保证中央统一行使国家权力确保国家公园治理的有效性，也要下放部分权力给地方，激发地方参与国家公园治理的积极性，从而兼顾反映公民的利益诉求。

三 环境权与经济发展权是价值取向

自近代工业革命以来，人类通过大量利用自然资源获得了丰富的物质财富，充分发挥了自然资源的经济价值，社会经济得到了快速发展，然而也不可避免地带来了严重的环境问题和生态危机，直接威胁到人类生存和可持续性发展。环境权作为以全球性环境危机为背景提出的新兴权利，反映了人类对于环境保护重要性的清醒认知，以及对人与自然关系的重新审视。②《人类环境宣言》将环境权作为一项新型人权进行确认，《里约环境与发展宣言》再次重申了环境权。至此，由生存权、发展权和环境权等组成的第三代人权代替了包含经济、社会及文化权利的第二代人权，开始

---

① 姜明安：《论依宪治国与依法治国的关系》，《法学杂志》2019年第3期。
② 项安安：《环境权与人权——从〈环保法〉修订案谈起》，《环境与可持续发展》2014年第5期。

逐步走进政治视野。① 虽然环境权的必要性和重要性已经在世界范围内达成广泛共识，各国纷纷将环境权理念纳入法律和政策之中，但是我国学界对于环境权概念的理解却呈现出多样性与不确定性的特征，环境权的基本内涵依旧存在较大歧义，这也是导致我国环境权难以入宪的根本原因。环境权的解释主要有两种：第一种是广义环境权，即环境权包括生态性和经济性权利，前者是指享受良好环境权，后者指环境资源开发利用权；② 第二种是狭义环境权，即对良好环境的享受权，具有进入、享用、有限处置一定环境的权能，是一项具有人格面向性的非财产性权利。③ 对环境权内涵的莫衷一是并不能否认环境权所代表的积极意义，在人民日益增长的美好生活需要和不平等不充分的发展之间的矛盾成为我国社会主要矛盾的时代背景下，环境权概念强调人与自然是生命共同体的理念，承认人与自然和谐共生的生活方式以及人享有高质量环境的权利正当性。④ 目前，我国无论是宪法规定的国家环境保护义务，还是《民法典》《环境保护法》《环境影响评价法》《广东省环境保护条例》等现行法律规范，都体现出环境权的核心要义。⑤

经济发展权是发展权在经济领域的具体表现，其存在早于环境权，代表着人类对物质财富需求的最基本人权，是社会发展的坚实基础。然而随着人类社会不断更迭和前进，原有以牺牲环境为代价的经济发展模式已经难以为继，经济发展与环境保护已经成为影响人类发展的头等问题，因此引导二者的相互关系从初始对立过渡到如今相互促进和协调的过程，是人类历史发展实践的必然选择。我国不仅意识到经济发展与环境保护之间存在和谐共进的关系，而且通过形成"经济、政治、社会、文化和生态文明"五位一体的发展模式，以及提出"绿色发展""绿水青山就是金山银山"等政策口号的方式，⑥ 找到了平衡经济发展和环境保护关系的路径。这种兼顾经济发展与环境保护的思想也当然影响到国家公园治理领域，我

---

① 李红勃：《环境权的兴起及其对传统人权观念的挑战》，《人权研究》2020年第1期。
② 陈泉生：《环境权之辨析》，《中国法学》1997年第2期。
③ 杨朝霞：《论环境权的性质》，《中国法学》2020年第2期。
④ 秦天宝：《论新时代的中国环境权概念》，《法制与社会发展》2022年第3期。
⑤ 吴卫星：《环境权的中国生成及其在民法典中的展开》，《中国地质大学学报》（社会科学版）2018年第6期。
⑥ 汪习根、陈亦琳：《中国特色社会主义人权话语体系的三个维度》，《中南民族大学学报》（人文社会科学版）2019年第3期。

国国家公园作为一个完整的生态系统，既包含对生态环境的保护，也需要兼顾公民的经济发展权，只有这样才能达到全面系统保护的目标。

国家公园作为国土空间规划的产物，集合了资源、环境、经济、社会、人口等多重要素，是基于中华民族永续发展所作出的重大决策。我国提出建设生态保护、绿色发展和民生改善相统一的高质量国家公园，以统筹自然生态系统完整性和周边经济社会发展为目标，精准配置制度资源完成科学布局、系统保护、人地和谐、高效运行的建设任务，实际上都是将国家公园作为实现环境权和经济发展权相融合的空间。将区域法治现象置于特定时空条件下，有益于识别区域法治发展的差异性，即区域所处的自然空间条件和社会经济基础对区域法治发展的样态和进程所起到的关键作用。[①] 国家公园作为自然生态空间的重要代表，[②] 虽然定位于具有自然属性、以提供生态产品和生态服务为主的国土空间，但国家公园所涵摄的范围已经从单一的自然生态系统扩展到包含人口、环境、资源、经济、文化等要素的经济社会空间。首先，鉴于环境、资源、生态与自然之间"一体三用"的关系，国家公园成为集合环境支持、资源供给和生态保障三大功能的自然空间。[③] 具言之，一是国家公园不仅为当地居民提供了生存空间，而且改善了周边社区乃至更大范围内人居环境的外部条件，这种正外部性影响有利于弥合区域发展的不平衡。二是国家公园资源利用的经济价值，发挥着物质提供与生产的作用，作为人类社会可持续发展的重要组成部分，是形成生产生活空间的物质资料。三是国家公园作为贯彻山水林田湖草沙冰一体化保护和系统修复的载体定位，与自然生态空间位序所凸显出的国家公园生态保障功能的优先性相匹配。其次，国家公园根据生态保护、游憩体验和自然教育等目标所实施的功能分区，是以人的全面发展为中心，以合理分配空间资源为导向，将自然与社会空间融为一体的具体形式。因此国家公园并不以生态保护为唯一性目标，而是与其他要素相互交织、各有侧重组成的"自然—社会—经济"复合系统，以实现多项功能的协调发挥。通过空间合理布局实现国家公园综合功能实际上是多重利益调和的过程，即指生态文明背景下经济发展与生态保护从对立隔离过渡

---

① 公丕祥：《空间关系：区域法治发展的方式变项》，《法律科学》（西北政法大学学报）2019 年第 2 期。

② 邓海峰：《生态文明体制改革中自然资源资产分级行使制度研究》，《中国法学》2021 年第 2 期。

③ 杨朝霞：《论环境权的性质》，《中国法学》2020 年第 2 期。

到协同共进的整体走向。随着环境污染和生态破坏态势的日趋扩大，为了统筹自然对于惠及人类生存和发展的双重福祉，促进"绿色发展""绿水青山就是金山银山"等政策的法律化，将法律上"经济人"标准注入多元化利益和追求经济效率的生态伦理界限，将逐利行为控制在生态环境可容纳的阈值下，统一考量经济和生态利益。① 可以说，国家公园治理中配置的央地权力属性本质就是环境权和经济发展权，具体表现于国家为保障公民环境权而配置的规划权、管理权和特别保护权等，以及为保障公民经济发展权而配置的开发利用权和特许经营权等。这就要求在配置国家公园治理中的央地权力时，以统筹兼顾环境权和经济发展权为前提，权衡中央与地方权力配置的比重。

综上所述，国家公园治理中的央地权力配置形式上是具体权力的上收与下放，内容上是行使代表环境权和经济发展权的相互权衡和博弈，实质上所有权力的配置都需要以更好地实现公民权利为目标，这些内容都已经包含于以宪法为代表的法律体系中。因此，国家公园治理中的央地权力配置实际上是在满足治理有效性的前提下，根据国家公园治理的实际面向对宪法和法律规定中已有权力的具体阐释。

---

① 吕忠梅：《环境法典编纂视阈中的人与自然》，《中外法学》2022年第3期。

第三章

国家公园治理央地权力配置的困局及解构

第一节 国家公园治理央地权力配置的现状

国家公园治理作为央地权力配置的具体场域，当然受我国政治体制和法律规定双重指引下央地权力整体走向的影响。根据上文对于央地权力的类型划分、现行法律法规对于央地权力配置的规定，以及国家公园治理的特殊性，对目前国家公园治理过程中形成的央地权力配置现状作出归类梳理，为下文检视现有国家公园治理不力的原因提供样本参照。

一 央地共享国家公园立法权

目前，我国国家公园央地共享立法权的结论既可以在现行法律规定的应然层面找到合法依据，也可以从国家公园的立法实践中得到印证。一方面，我国《宪法》《立法法》规定了中央和地方均有权针对国家公园制定法律法规。《宪法》第62条第3款、67条第2款和《立法法》第10条规定了中央立法权，即全国人大制定和修改刑事、民事、国家机构和其他的基本法律。全国人大常委会有权制定和修改除应当由全国人民代表大会制定的法律以外的其他法律。换言之，中央有权对国家治理范围内的所有事项制定法律，而国家公园作为国家治理的一部分，当然属于中央立法权的行使范围。与此同时，《宪法》第100条和《立法法》第80—83条规定了地方立法权，即省、自治区、直辖市人大及其常委会有权根据本行政区域的实际情况对于执行法律法规作出具体规定；设区的市人大及其常委会有权对城乡建设与管理、环境保护、历史文化等方面事项制定地方性法规。细言之，省、自治区、直辖市的地方立法权所涵盖的事项范围原则上与中央保持一致，只是在内容设置上需要结合地方差异化管理的具体实际进行对应规定，以便于执行。因此，虽然国家公园是由中央统一谋划和管理的全国性事项，但是各国家公园内自然资源的异质化程度高，必须依赖地方政府结合具体实际进行差异化管理。为此地方政府在遵循中央制定的国家公园立法基础之上，进行地方性立法具有正当性。

另一方面，中央关于国家公园立法的政策要求和推进情况，以及国家公园地方试点阶段的立法现状均证实了中央和地方已经分别行使了国家公园立法权。从中央对于国家公园立法的顶层设计来看，自2013年11月党的十八届三中全会决定建立国家公园体制开始，国家公园体制建设已经成为我国重点改革任务之一。根据我国提出实现立法与改革决策相衔接，做到重大改革于法有据的要求，国家公园立法必须加快进程。2017年9月出台的《总体方案》明确提出"研究制定有关国家公园的法律法规"的要求，随后2018年"国家公园法"不仅被列入十三届全国人大常委会二类立法规划，而且在国家林草局的推动下于2018年年底形成了《国家公园法（专家意见稿）》。2019年6月出台的《建立以国家公园为主体的自然保护地体系的指导意见》重申"加快推进自然保护地相关法律法规和制度建设，加大法律法规立改废释工作力度"的要求。经过一系列的研究和论证过程，于2022年8月在国家林草局的官网公布了《国家公园法（草案）（征求意见稿）》。2024年9月，《国家公园法（草案）》首次提请全国人大常委会会议审议。可以说，鉴于"国家公园法"的政治重要性以及为国家公园体制建设提供法律保障的作用，国家林草局出台了《国家公园管理暂行办法》这一部门规章作为过渡期间加强国家公园建设管理的依据，未来在中央层面制定和出台"国家公园法"只是时间问题。① 从国家公园试点期间地方出台国家公园的立法实践开始，不仅已经有多省人大常委会通过行使地方立法权，审议并且通过了《三江源国家公园条例（试行）》《武夷山国家公园条例》《神农架国家公园保护条例》《海南热带雨林国家公园条例（试行）》《四川省大熊猫国家公园管理条例》，而且湖南省、青海省、浙江省均针对南山、祁连山、钱江源等国家公园开展立法工作，截至2024年9月尚处于征求意见和论证阶段。国家公园的地方立法实践已经驶入快车道，中央通过地方立法累积经验的

---

① 秦天宝、刘彤彤：《国家公园立法中"一园一法"模式之迷思与化解》，《中国地质大学学报》（社会科学版）2019年第6期。

上层指示，以及具体国家公园体制改革的基层需求是地方加快行使立法权的双重驱动力。

二 地方主导国家公园人事权

我国人事权在纵向上主要遵循党政干部选拔管理体制"下管一级"的基本原则，即中央对地方人事权的范围停留在省、自治区、直辖市一级的党、政、法院、检察院等国家机构的领导人员，地方人事权主要是地方各级党委对地方领导人员的决定权、选举权和罢免权。就国家公园人事权的现有情况而言，应当分为国家公园管理局和各国家公园管理机构两个层面进行考察，即国家公园管理机构领导人员或者主要负责人任免权的归属情况。这既可以从国家政策层面对国家公园管理机构的设置做出应然推论，也可以考察国家公园管理机构领导人员的任命主体。

第一层，国家公园管理局的人事权属于中央。2018年国务院机构改革后，成立的国家林草局加挂了国家公园管理局的牌子，并且由国务院行使国家公园管理局领导人员的任免权。[①] 第二层，各国家公园管理机构的人事权理论上应当由各国家公园的设立主体行使。按照目前国家公园管理模式的顶层设计，根据全民所有自然资源资产所有权行使主体的不同，国家公园管理机构的设立主体分别为中央政府和省级人民政府。从我国行政管理体制有效性的角度进行分析，根据"由谁设立、对谁负责"的原则，不同国家公园管理机构将受到中央或者省级政府的管理，与此同时，国家公园管理局是对全国国家公园行使监督管理的有权机构。因此，国家公园管理局是否能够对人财物受省级政府管理的国家公园管理机构有效行使监督管理权，将成为体制改革的现实难题。根据政府信息公开的有关人员任免情况，各国家公园的人事权分别掌握在中央和地方，一方面，东北虎豹国家公园作为第一个由中央直属管理的国家公园，其管理机构负责人由国家林业局（现为国家林业和草原局）任命，[②] 这也是目前唯一由中央掌握人事权的国家公园。另一方面，其余国家公园均由地方掌握人事权。其中，三江源、祁连山、热带雨林、大熊猫、神农架、武夷山和钱江源国家

[①] 参见中央人民政府网站，http://www.gov.cn/xinwen/2020-06/08/content_5517983.html，2020年12月1日访问。

[②] 参见国家林草局政府网站，http://www.forestry.gov.cn/main/586/content-966780.html，2020年12月1日访问。

公园管理机构的领导人员分别由省级人民政府或者省委组织部进行人事任命，南山和普达措国家公园则由市一级人民政府行使人事权。我国国家公园整体人事权依旧归于地方，从数量占比来看，地方掌握国家公园人事权仍是总体趋势。

三　央地事权划分尚处于探索阶段

事权是指政府对管理公共事务的权力和提供公共服务的职责，由于公共事务范围的广泛性和内容的复杂性，央地事权一直是央地权力划分的重难点，而实现政府事权法律化也成为我国体制改革的努力方向之一，这同样反映于我国国家公园治理央地权力配置中。虽然我国自2015年起启动了国家公园体制试点工作，旨在积累体制建设的经验，并将事权划分作为重中之重，但就国家公园体制试点评估验收的结果来看，国家公园央地事权划分未能形成统一高效的方案，达到提高国家公园试点管理效能的目标，遑论通过事权法律化路径为国家公园治理中的央地事权配置提供可供全国推广的可复制经验。

从已经出台的地方规范性文件来看，有关央地事权划分的内容基本沿袭了《总体方案》第8条"建立统一管理机构"中有关国家公园管理机构职责的规定，以及第10条"构建协同管理机制"中有关地方政府职责的规定，通过上述方向性规定可以总结出国家公园内保护管理权归中央，民生发展权归地方的整体思路。虽说已经有中央政策性文件和地方性法规作为基础，但必须进一步综合考察各国家公园治理已有的实施规划和具体实践，一来论证相关规定是否具备合理性和正当性，二来通过地方实践进一步细化央地权力关系，形成更具操作性的央地权力配置规范。这就必须检视我国各国家公园央地事权的配置情况，首先，各国家公园管理机构和地方各职能部门均拥有国家公园保护管理权。国家公园管理机构按照要求应当对生态保护和自然资源资产管理等事项履行职责，是国家公园保护管理权的直接行使者。《国家公园法（草案）》中规定：省级人民政府按照国家有关规定负责本行政区域内国家公园相关工作；国家公园管理机构可以与国家公园所在地人民政府协商建立工作协作机制，通过交叉任职、联合办公等方式，实行国家公园共建共管等。虽然具体内容在该法正式出台之际会有所调整，但是不可否认的是其表达了地方政府对于国家公园保护和管理工作具有配合和协作职责的思路，而林业、农业、水利和国土资源等部门作为地方政府职能机构，按照法律规定也对国家公园内各类自然资源分别享有管理权，因而国家公园管理机构和地方职能机构都是保护和管理国家公园内自然资源的有权主体。其次，国家公园内执法权或由国家公园管理机构组建的执法机构统一行使综合执法权，或依托地方政府分别行使自然资源执法权和生态环境执法权。目前，三江源、武夷山、神农架、南山和钱江源国家公园管理机构基本建立了综合执法机构，由各国家公园管理机构行使综合执法权；热带雨林国家公园的执法权归属尚处于悬置状态；而东北虎豹、大熊猫、祁连山和普达措国家公园执法权的行使主要依靠地方政府执法机构的联合执法。随着《行业公安机关管理体制调整工作方案》《关于深化生态环境保护综合行政执法改革的指导意见》《自然保护地生态环境监管工作暂行办法》三部重要文件的颁布与落实，国家公园执法权归属的未知性进一步增加。最后，中央政府国有自然资源资产管理权的行使也尚不明确。东北虎豹国家公园由中央政府直接行使自然资源资产管理权，而其余国家公园虽然名义上均委托省级政府代理行使，但实际上如神农架国家公园则再次委托林区政府进行管理。可以说，央地事权自身就是国家公园治理中央地权力划分中最为复杂的部分，再加上各国家公园在进行体制改革探索时，深受管理基础不同的影响，国家公园体制改革的央地事权划分的整体趋势尚不明朗。

四 多数地方实际掌握国家公园财权

国家公园财权是指为满足国家公园保护和管理等支出性需要而获得财政收入以及决定财政收入该如何支配的权力，国家公园管理机构作为国家公园的直接管理者享有国家公园财政收入的支配权。财权存在的价值在于创造财政收入，在国家公园治理实践中，财政收入的来源直接关系到财权的实际拥有者，进而影响到国家公园管理机构的事权发挥。国家公园的支出性需求主要集中于国家公园建设运营（包括调查规划、土地流转、生态移民、生态保护、人员经费和设施建设等）、社区资金需求（包括社区维持、生计补偿、社区发展等）和游憩展示经营项目。财权作为国家公园治理的重要政治性权力，直接决定了国家公园管理机构是否拥有足够财力支撑国家公园的支出。

国家公园应当建立起以财政投入为主的多元化资金保障机制，但在试点期间国家公园的资金主要来源于本级政府财政拨款和上级政府专项资金,① 区别在于是依靠中央财政还是地方财政。首先,东北虎豹国家公园作为唯一由中央明确直接管理的国家公园,其管理经费主要来自"天然林保护工程"的中央财政专项资金,虽然东北虎豹国家公园还是依靠中央财政,但经费并非专门的国家公园财政科目和专项资金。其次,三江源和祁连山等中央和省级政府共同管理的国家公园,其资金主要依靠中央和省级政府财政共同投入。以三江源国家公园为例,一是中央财政对生态功能区建设划拨的经费,如中央财政林业补助金、保护天然林补助、农业资源及生态保护补助资金、江河湖库水综合整治资金等专项资金;二是省级财政对国家公园治理的专项拨款,省级政府拨款数额要高于中央。② 最后,南山、钱江源、普达措等由省级政府管理的国家公园,其资金投入主要依靠省级政府财政投入。以钱江源国家公园为例,其资金投入以省财政专项资金为主,中央财政投入与保障不足。③ 鉴于国家公园建设的财政现状,国家公园出台政策旨在构建投入保障到位、资金统筹到位、引导带动到位、绩效管理到位的财政保障制度,经过对财政政策内容剖析发现:仅将中央政府直管的国家公园管理机构运行和基本建设确认为中央财政事权,并且对于中央直管国家公园的生态保护修复事项,由中央财政承担主要支出责任。可见,中央财政的覆盖范围远小于地方财政,再加上目前中央直管国家公园数量少这一事实,更加论证了地方承担国家公园财政事权和支出责任的结果。

  总而言之,国家公园治理央地权力配置的现状已经有了相当清晰的图景,从地方政府行使权力的类型、行为和占比来看,地方政府基本拥有国家公园治理的实际权力。然而由地方主导治理下的国家公园不仅体制改革未取得较大突破,而且与规范层面的既有规定不相符合,很显然国家公园治理中的央地权力配置尚存在较大问题,难以适应国家公园体制建设的需要。

---

① 邱胜荣、赵晓迪、何友均等:《我国国家公园管理资金保障机制问题探讨》,《世界林业研究》2020年第3期。

② 毛江晖:《财政事权和支出责任背景下的国家公园资金保障机制建构——以青海省为例》,《新西部》2020年第10期。

③ 陈真亮、诸瑞琦:《钱江源国家公园体制试点现状、问题与对策建议》,《时代法学》2019年第4期。

第二节　国家公园治理央地权力配置的实践缺陷

我国国家公园治理中的央地权力配置无法达标的首要原因在于现有实践未能在法律规定之下回应一般性央地权力配置中存在的央地事权划分不清晰、不合理和不完善等共性问题，形成能够上升为法律的基本共识，更不用说满足国家公园治理所提出的新要求。换言之，目前国家公园治理过程中所遇到的瓶颈都是央地权力配置问题在国家公园治理领域的具体表现形式，必须先进行查漏，方能实施后续补缺。

一　地方立法权与政策目标相偏离

国家公园作为自然保护地体系中的新类型，采取"地方试错—中央总结"的建构顺序，旨在积累地方经验为国家公园顶层设计提供参考符合建设需要。由各个国家公园所在地的省级人大常委会制定具体国家公园管理条例作为做好试点工作的必答题，是实现依法建园和推进生态文明建设的必备要件。基于国家公园立法的示范性作用和所面临的改革压力，在对外依赖国外国家公园"一园一法"路径、对内效仿自然保护区"一区一法"模式的双重驱动下，加紧制定和出台各国家公园管理条例是地方充分行使地方立法权的结果。从立法原意来看，我国实施"一园一法"的本意在于既认识到每个国家公园由于受到地理位置和资源分布的影响，在保护目标、保护对象和保护措施等方面千差万别的情况下，应当以"一园一法"的立法模式服务于差异化管理的目标，也意识到我国目前针对国家公园立法的具体框架和内容设计尚未形成科学、合理和一致的构思。是故，地方立法作为一个合理的阶段性选择，不仅有益于国家公园内自然资源的保护和规划管理，而且能够有效规避法律规定过于原则化和可操作性弱的特点。

通过深入分析已经出台的条例内容，发现我国现阶段已然成形并且粗具规模的"一园一法"模式，只是徒具外形，没有达到指导国家公园治理实质标准的结论。国内对国外"一园一法"模式实行简单的拿来主义。从形式上看，国外"一园一法"是其经济、社会、政治基础和法治传统的综合产物，主要受到联邦制下立法独立性的影响；从内容上看，国外"一园一法"是要通过立法明确国家公园的机构设置、人员编制、经费使用，同时包括国家公园的具体边界和保护对象等内容，旨在解决特定国家公园的"人"（机构编制）和"钱"（经费）的问题。相比之下，我国已出台的条例均从管理体制、资源保护、规划建设和法律责任等多个方面对具体国家公园进行全面规制，在内容上存在高度相似性。除了在立法名称、适用范围和立法结构方面略有不同外，在基本原则、财政保障、考核追责和宣传教育等总则方面，管理机构、管理权限、管理机制和规划制定等管理体制方面，建设管控、确权管理、监测评价、生态修复和生态补偿等保护利用方面的制度设计和条文内容基本相同。这种认识差异导致国内地方立法只是模仿了国外立法模式的外形和表象，追求数量和形式的雷同，并没有明确立法模式与立法目的、内容之间的联系，不仅未能结合各国家公园特点对人地冲突、传统利用、机构和人员编制等做出创新性规定，无法起到划清权责、理顺体制的作用。① 而且若不加以及时调整，反而会引发立法资源危机、法律冲突等。因此，虽然试点期间地方行使立法权是国家公园体制改革和法治建设的合理选择，但立法效果也证实了现有国家公园地方立法权与立法原意相差甚远，未来国家公园不仅需要尽快行使中央立法权定分止争，还要提高地方立法权行使的质量。

二 央地人事权占比不合理

"国家公园由国家批准设立并主导管理"已经成为国家公园设立的基本标准，言下之意就是中央政府应当拥有事实上主导国家公园管理的主体身份。由于国家公园的高效治理与国家公园管理机构领导人员的意志和行为密切相关，人事任免权作为最直接的政治管理手段，无论是用科层制还是行政发包制来描述纵向政府间关系，都肯定了上下级政府及官员之间领导与被领导、管理与被管理的直接隶属关系，上级政府通过人事控制权享有正式权威。② 然而考虑到国家公园内全民所有自然资源资产所有权主体的实际情况，国家公园选择了中央直管和委托省政府代管并行的模式，这就直接决定了国家公园人事权分别由中央或者省级政府进行任免的事实。当中央掌握国家公园人事权时，各国家公园管理机构领导人员为了获取政治晋升机会，将会更好地执行中央治理国家公园的政策和指令。同时，行

---

① 秦天宝、刘彤彤：《国家公园立法中"一园一法"模式之迷思与化解》，《中国地质大学学报》（社会科学版）2019 年第 6 期。
② 周黎安：《行政发包制》，《社会》2014 年第 6 期。

政级别所产生的级别差异有利于作为理性经济人的官员实现个人利益,因为将人事权交由中央管理的级别显然高于地方,所以从中产生的激励作用将官员吸附于等级序列之中是实现国家公园良善治理的重要手段。[①] 当省政府掌握国家公园人事权时,国家公园管理机构必将受到一省政治、经济和社会等多重因素的影响,进而表现于国家公园管理机构对国家公园保护和管理的实践。在目前只有东北虎豹国家公园明确采取中央直管的模式下,其余国家公园管理机构的人事任免权都掌握在地方政府手中,直接引发两大问题:一是地方人事权所占比重如此之大,不利于国家公园管理局对全国国家公园实行监督管理职责;二是对于大熊猫国家公园等跨省建立的国家公园,多个省政府均拥有管理国家公园的权力,并且有权任免国家公园管理机构的主要负责人,不利于具体国家公园的统一保护和管理。很显然,目前我国由地方主导人事权不仅与国家公园建设的整体设计不相符合,而且在实际管理上存在很多难题,因此地方掌握国家公园人事权的比重明显缺乏合理性。

三 央地事权财权划分不清晰

我国央地权力关系已经进入改革的深水期,在全面大规模推进事权改革条件尚不成熟的前提下,我国选择从基本公共服务领域的央地财权配置角度入手,作为推进央地政府事权规范化和合理化的重要推手。《财政事权指导意见》作为国务院第一次系统地从政府公权力纵向配置角度推进财税体制改革的重要文件,既直击央地事权划分中的主要痛点,又提供了划分原则和主要内容,成为我国央地事权划分的重要因循。其中,央地事权财权划分不清晰作为国家治理领域的通病,也体现于国家公园治理这一专门领域。在国家公园治理央地权力配置的具体实践中,事权和财权是国家公园管理机构职权的主要组成部分,央地共同事权财权过多且二者之间缺乏明确界分的问题,引发了著名的"九龙治水"现象。央地事权划分不仅未能达到"构建主体明确、责任清晰、相互配合的国家公园中央和地方协同管理机制"的要求,而且与清晰划分国家央地事权的整体改革目标不相符合。央地事权划分作为国家公园管理体制的重点对象,是从国家公园试点期间持续到正式建立阶段一直亟须探索的重要命题,一系列国

---

① 成婧:《行政级别的激励逻辑、容纳限制及其弹性拓展》,《江苏社会科学》2017年第5期。

家公园规范性文件都仅仅原则性地规定了国家公园管理机构的职责，既是面对复杂央地权力关系问题的合理保留，也能够为探索更为合理的央地权力配置方案预留空间。然而，将央地权力是否清晰划分作为各国家公园管理机构能否有效发挥管理职能的标准之一来看，各国家公园央地事权划分不明确、事权多数掌握在地方政府的现状明显达不到规范要求，这也被看作管理职能受限的主要原因。

  一方面，央地事权划分不清晰直接引发国家公园管理过程中交叉重叠、多头管理的碎片化问题，与自然保护地体系的内部建设，以及外部地方政府自然资源和生态环境的职能分工均产生直接联系。其一，我国自然保护地体系正处于新旧交替、整合转型的共存阶段，国家公园建设也受自然保护地空间重叠这一突出问题的困扰。从国家公园设立的基础和范围来看，国家公园作为实现对自然及其生态系统服务功能进行长期保护、明确划定的地理空间，并不是由原来各类自然保护地进行简单拼接而成，而是经过科学评估将核心保护区域纳入国家公园，对其余未纳入的部分予以保留、撤销或者合并为自然保护区或者自然公园，因而与各类型保护地在功能和管理上既有区分也有重复，加之保护地批次之间的复杂关系，[①] 势必造成国家公园与现有保护地之间在生态空间上的重叠状态，相应地各国家公园管理机构也需要整合原有各类自然保护地管理机构的职能。比如：大熊猫国家公园作为首批正式建立的国家公园之一，仅四川片区的空间分布就涵盖了自然保护区、风景名胜区、森林公园和地质公园等 6 类自然保护地类型，数量高达 61 个。[②] 又比如神农架国家公园范围内分布了世界自然遗产地、国家级自然保护区、国家湿地公园、省级风景名胜区等 11 种类型的保护地，相应组建了神农架国家级自然保护区管理局、大九湖国家湿地公园管理局和神农架林区管理局等多个管理机构，在统一管理机构的要求下，神农架国家公园管理局整合了原神农架国家级自然保护区管理局、大九湖国家湿地公园管理局和神农架林区管理局的职责。[③] 然而，国家公园管理机构的职能并不是对原自然保护地管理机

[①] 马童慧、吕偲、雷光春：《中国自然保护地空间重叠分析与保护地体系优化整合对策》，《生物多样性》2019 年第 7 期。

[②] 庄鸿飞、陈君帜、史建忠等：《大熊猫国家公园四川片区自然保护地空间关系对大熊猫分布的影响》，《生态学报》2020 年第 7 期。

[③] 参见湖北省人民政府网站：http://www.hubei.gov.cn/gzhd/gzhd/201611/t20161118_919272.shtml，2020 年 12 月 7 日访问。

构职能的全盘接受，而是根据保护地功能定位和实际需求对保护和管理职能进行有选择性地部分承接，这就对国家公园管理机构的职责划分提出了更高的要求。然而，原有管理体制仍旧存在，不同管理机构的职权难以清晰界分。① 因此，如何在已有自然保护地管理体制的基础上，围绕央地权力划分推进国家公园管理体制改革是目前制约国家公园治理效能的关键所在。

其二，上文已经列明国家公园管理机构与地方相关职能部门对于同一基本公共服务事项均具有管理权的现状，比如国家公园管理机构与地方林业、农业、水利和国土资源管理部门均对国家公园内各类自然资源享有管理权；国家公园管理机构与生态环境部门共享执法权。首先，虽然国家公园管理机构优先行使国家公园自然资源保护和管理的权力，地方各职能部门有配合协助之责，但是缺乏明确界限划分的管理权很容易在实践中出现两方推诿扯皮的现象。实际上，我国原有自然保护地管理机构主要受地方政府（尤其是市县一级人民政府）管理，机构职能的行使源于地方政府授权，而国家公园管理机构作为国家公园的直接管理者，是由中央或者省级政府设立，相较于原来各类型自然保护地管理机构的级别得到了提升，因而两个管理机构间所发生的职能变动并不是简单的权力平移，而是上收自然保护地保护和管理权力的一种隐性表达，作为对地方权力的一种分化，要想获得地方支持还需要经历科学合理的调适过程。其次，虽然国家公园管理机构享有资源环境综合执法职责，但随着森林公安的转隶、部分生态环境执法权的剥离以及属地执法在跨区域行使时先天不足等因素的出现，由国家公园管理机构统一行使综合执法权的设计已经不再具备实现条件，必须通过细化执法权的方式解决执法权归属不清的情形。相关文件已经将在自然保护地内非法采矿、修路、筑坝、建设造成生态破坏的执法权划给生态环境部门，但是这四项行为在很大程度上与林草部门负责执法的非法砍伐、破坏野生动物栖息地行为交叉，产生多头执法的问题。另外，将综合执法权交由地方政府行使的国家公园管理机构在具体实践中也占有一定比例，最为明显的现实困境发生于大熊猫国家公园和祁连山国家公园这类跨行政区域的国家公园，依据属地执法的原则，省一级管理局也具有执法权。

---

① 赵西君：《中国国家公园管理体制建设》，《社会科学家》2019年第7期。

另一方面，央地财权划分不清晰将影响国家公园治理的经济基础，不利于国家公园的保护、管理和运行。自分税制改革后，我国财权划分呈现出"财政共治"特征，中央政府和地方政府各自独立的财政事权并不多，而央地共同财政事权却占多数。① 我国仍处于探讨和判断将具体事项归入中央还是地方，抑或央地共同财权是否具备合理性的阶段，再加上中央财政的负担能力、各省财力差距和央地共同事项的复杂性等因素，表明了进一步划分央地共同财权的现实难度。尽管已经明确了减少央地共同财政事权的整体方向，但是划分央地共同财权依旧是个难题。具体到国家公园治理领域也是如此，《关于推进国家公园建设若干财政政策的意见》立足于国家公园管理实践，是关于国家公园治理央地财政事权划分的指导性文件。该文件虽然从整体上将央地财政事权划分为中央财政事权、央地共同财政事权和地方财政事权三大类型，但是央地共同财政事权的比重依旧最大且未能进一步细分，该文件仅涉及中央政府直接行使全民所有自然资源资产所有权的国家公园共同财政事权事项，针对由中央财政承担主要支出责任作出了补充性规定，这种带有意向性的表达内容尚不足以有效指导实践。

四 央地事权财权不匹配

1994 年开始实施的分税制改革作为我国财政管理体制的基石，核心在于处理央地财政关系，以期实现政府间财政收入划分的规范化和制度化。分税制改革是财政分权外表下的权力上收，而与财权上收中央相反的是随着现代政府职能的扩张，地方政府在促进经济发展、城市基础设施建设、社会公共事务管理等方面的财政下行压力日益增大，形成了事权财权倒挂现象。② 虽然《财政事权指导意见》建立在实现事权和支出责任相适应的基础之上，并且明确扩大了中央财政在基本公共服务领域的承担范围，但是尚未从根本上改变央地事权财权不匹配的现象。具体到国家公园治理领域而言，央地事权是规范国家公园管理机构和地方政府分别履行管理职责的基础，而央地财权则是央地事权能够有效发挥的保障，二者之间相互影响并且联系紧密。然而通过检视和对比国家公园治理实践中事权和

---

① 刘尚希、石英华、武靖州：《公共风险视角下中央与地方财政事权划分研究》，《改革》2018 年第 8 期。

② 熊伟：《分税制模式下地方财政自主权研究》，《政法论丛》2019 年第 1 期。

财权在中央与地方间配置的组合关系，可以发现同样存在央地事权财权不匹配的问题。

本书按照最新国家公园财政政策的重要内容，以及事权与财权相统一、事权与财权相匹配的基本原则，对目前国家公园财政事权的匹配度作出逐一对比。首先，国家公园中央财政事权范围小于事权配置范围。对于完全属于中央财政事权的范围，只覆盖了中央政府直接行使全民所有自然资源资产所有权的国家公园管理机构运行和基本建设。虽然关于"基本建设"的具体内涵并没有明确释义，但是结合文件中将国家公园生态保护修复纳入央地共同财政事权的规定，中央财政事权并不完全承担国家公园生态保护修复这一重要内容，退一步而言，对于属于中央直管国家公园的生态保护修复事项，由中央财政承担主要支出责任；对于委托省政府代理行使全民所有自然资源资产所有权的国家公园基本建设和生态保护修复事项，中央政府只承担部分支出责任。然而，依据从机构职责析出的事权配置规律来看，国家公园管理机构依旧概括性地负责国家公园自然资源资产管理、生态保护修复、特许经营管理、社会参与管理和科研宣教等工作。由此可见，在中央直管的国家公园内，中央财政事权应当包含上述所有事项，但目前财政政策的支出责任要小于中央事权范围。其次，央地共同财政事权的支出责任范围偏大且界限不明。政策文件将国家公园生态保护修复和中央政府委托省级政府代理行使全民所有自然资源资产所有权的国家公园基本建设，确认为中央与地方共同财政事权。最新政策将委托省级政府代管的国家公园基本建设，确认为中央与地方共同的任务和职责，但与该类国家公园由省政府全面负责国家公园内相关工作的权力配置要求不相符合，且对于央地共同财政事权的界限或者说标准没有释明。总体而言，国家公园治理中央地权力配置的理想状态是对中央和省级政府的事权财权采取对应性配置，根据设立国家公园管理机构主体的不同，大致可以区分为中央事权和地方事权，对于央地共同财政事权则需要更为精细化的二次划分。就中央直管国家公园数量少、中央财政事权范围相对较小，以及央地共同事权界限还不清晰的情形下，国家公园财政事权主要由地方政府掌握，地方政府所承担的支出责任较重，这不仅使得行使中央事权的管理机构未能获得相匹配的财权，在执行保护和管理国家公园政策时易受制于地方意愿，引发权责矛盾，而且加重了地方财政负担，不利于促进地方保护和管理国家公园的积极性。

第三节　国家公园治理央地权力配置的困局解析

我国国家公园治理央地权力配置过程中所出现的各类问题，形成了制约我国国家公园治理实践的困局，直接阻碍了国家公园体制建设的成效。上文已经将国家公园治理中的央地权力配置困局视为央地权力配置共性难题在特殊领域的具体表现，为此要想分析央地权力配置"三不"问题的由来，既要将研究视角置于现行法律和政策的规范层面、影响权力配置的相关因素、中央和地方政府组织结构这三大方面，也要结合国家公园属于自然资源集合体这一特定背景，考察我国现阶段自然资源产权制度建设对国家公园治理中权力配置的影响，以便于全面找寻和追溯阻碍我国国家公园治理中的央地权力配置共性和个性成因。

一　现行规范的原则性

前文已经详细论述了法律和政策性文件作为国家公园治理中央地权力配置的直接依据，遵循从宏观层面央地权力配置的宪法指引，到中观层面生态环境保护类权力的专门法参照，再到微观层面国家公园管理职权的政策规定这一循序渐进的规范过程。虽然随着层级下移，央地权力配置依据实现了从一般性到特殊性的递进式转变，但是这种看似逻辑严谨、详略得当的规范安排未能最终实现央地权力的合理配置，实质原因在于规范本身缺乏针对性而显得过于原则化。

（一）宪法仅规定了央地权力配置的基本原则

将《宪法》第3条对央地国家机构职权划分的条款看作央地权力配置的基本原则，已经在理论界和实务界达成共识。将央地国家机构职权划分等同于央地权力配置的标准，说明我国国家机构职权既来源于央地权力，也成为国家机构行使央地权力的规范方式。我国一切权力属于人民，建基于国家权力机关经过法律授权代为行使人民权力的制度设计，将权力分别配置给中央和地方国家机构构成了事实上的央地权力关系。中央与地方配置的权力在维护人民主权的基础上，本应产生统治权力与治理权力之间的适度分离，然而在我国人民民主专政的单一制下，统治权力与治理权力之间具有了法定同一性。① 因此将维护中央统一领导和发挥地方主动性、积极性作为中央和地方政府国家机构的职权划分标准，正是通过配置央地权力实现统治职能和治理职能合理分工的体现。尽管中央和地方国家机构在职权配置上将"中央重统治、地方重治理"作为选择和倾向，但二者均具有实现统治和治理职能的双重需求，符合《宪法》第3条有关央地权力配置条款的含义，从而侧面证明了《宪法》作为根本法只能采取原则性规定的原因所在。

《宪法》第3条采用"中央的统一领导"和"发挥地方的主动性、积极性"作为央地权力划分的原则，虽然为央地权力配置提供了方向性指引，但是并不具备独立指导实践的操作意义。该结论可以从理论和实践两个方面进行验证。一方面，"中央统一领导"和"积极性"作为关键词属于开放性概念，现行法律并未进一步就如何实现统一领导、如何发挥主动性和积极性进行规定，是央地权力配置不明确的直接原因。具体来说，一则，中央统一领导不仅指对领域内人财物等资源的绝对控制，也指在理念层面的影响力和号召力；"积极性"一词既指肯定的、正面的，有益于促发展的，也指进取的、热心的。② 二则，即使结合央地权力配置的具体适用领域可以确认词义，也无法肯定所制定的央地权力配置方案是否可以更好地实现领域治理的最终目标。另一方面，从央地权力上收和下放的历史经验来看，上收权力是实现中央统一领导的主要方式和有效保障，而下放权力则是促进地方积极性和主动性的必要条件和直接手段。但是有关"统一领导、主动性与积极性"的语焉不详直接导致了央地权力上收与下放缺乏明确标准和限度，从而出现"一放就乱，一管就死"的僵局，只能采取实用主义策略通过反复实践不断进行探索和试错，易出现中央政策推行不易、地方政策执行异化或者央地争权等问题和矛盾。

另外，《宪法》中尚未提到央地权力配置的具体对象，即明确权力的具体类别。虽然《宪法》对配置央地权力的行政机构职权进行了规定，并对中央层面的国家机构职权按照事项内容采取了详尽列举的方式，但是未对机构职权进行权力类型化的归纳。譬如《宪法》第62条第3款、第

---

① 徐清飞：《我国中央与地方权力配置基本理论探究——以对权力属性的分析为起点》，《法制与社会发展》2012年第3期。

② 中国社会科学院语言研究所词典编辑室编：《现代汉语词典》（第6版），商务印书馆2012年版，第599页。

67 条第 2 款和第 89 条第 1 款既是对国家权力和行政机构立法职责的规定，实际上也被看作对中央立法权的授予。除了立法权以外，事权财权作为央地关系中变动最为频繁和重要的权力表达多出现在政策文件中，并未明文规定于《宪法》中，这就使得缺乏明确指代对象的央地权力配置关系具有了抽象性和不确定性。

(二) 缺乏明确统一的专门法律规定

国家公园体制建设是我国整合自然资源、加快自然保护地体系建设的先头兵，以及我国健全生态文明体制建设的重要组成部分，制定"国家公园法"已经被纳入立法计划，但是鉴于国家公园的新颖性、内容的复杂性和立法程序的严格性等多重原因，该法尚处于研究制定阶段。因此作为以体系化思维为指引，以国家公园管理事权配置为核心，以解决国家公园治理问题为导向，旨在建立权力与权利间沟通协调机制，构建符合国家公园特征法律制度体系的"国家公园法"，尚难以为国家公园治理中的央地权力配置提供专门的法律依据。为此，现阶段考察我国生态环境保护法律可以发现，我国生态环境保护法律在内容设置上普遍缺乏具备技术性、综合性、问题导向性、利益关系复杂性等特性，而且有关整体性保护的生态环境保护立法是目前亟待补强的重点方向。[①] 鉴于此，虽然《环境保护法》《湿地保护法》《森林法》《长江保护法》《黄河保护法》《自然保护区条例》《国家公园管理暂行办法》以及地方性法规是现阶段国家公园保护和管理的法律依据，但更要看到现行法律对于国家公园治理的不足。

首先，《环境保护法》作为环境保护领域的基本法，立法对象包含大气、水、海洋、森林、草原、湿地、野生生物、矿藏、自然和人工遗迹、自然保护区等广义的环境因素，主要对我国环境保护领域的基本政策、管理体制、法律制度等共性问题作出原则性规定。虽然上文已经列举出与国家公园治理相关的中央和地方生态环境保护职责的规定，并且从中析出了央地政府为实现环境保护目标，分别在监督、规划、监测、财政、生态补偿等方面作出的一般性央地权责划分，但是条文设计的原则性无法完全适用于国家公园这一具有特殊需求的新保护地类型，从而难以为地方政府与

---

① 徐以祥：《我国环境法律规范的类型化分析》，《吉林大学社会科学学报》2020 年第 2 期。

中央政府有关国家公园保护和管理的具体职责划清界限，更无法为央地权责提供有效的衔接方案，这为地方政府争夺权力、逃避责任留下了余地。[①] 其次，《湿地保护法》《长江保护法》《黄河保护法》中有关国家公园的规定更多地作用在于赋予国家公园明确的法律地位，未能涉及央地权力配置这一具体问题。《湿地保护法》以湿地生态系统为立法对象，可以根据湿地保护规划和湿地保护需要，将其归于典型生态系统的完整分布区，纳入国家公园体系建设之中。而《长江保护法》《黄河保护法》作为我国典型的流域立法，强调在长江或者黄河流域对于重要典型生态系统的完整分布区、生态环境敏感区以及珍贵野生动植物天然集中分布区和重要栖息地、重要自然遗迹分布区等区域，依法设立国家公园。该条款以长江或者黄河流域为保护对象，将国家公园作为一种特殊方式，对流域之中符合上述条件的区域实施严格保护和系统管理，从而构建国家生态安全屏障。由此可见，最新的三部生态保护领域法律均以特殊的生态系统和区（流）域为立法对象，相较于之前围绕要素立法的环境资源类法律而言，在保护对象和规制手段等方面更加具有针对性，这也说明上述法律对于国家公园建设而言，仅起到宣誓作用，难以为其提供有效的制度供给。再次，《自然保护区条例》作为中央层面法律法规体系中与国家公园最具关联性的立法文本，其中不论是中央政府或者省级政府对自然保护区内有关保护和管理职责的列举，还是地方政府承担园内经费、执法和居民安置的保障职责，虽然形成了自然保护区内央地职责划分的大致趋势，但是过于简单和笼统的管理职责不仅尚未涉及园区规划、特许经营、生态修复等具体权力的划分，而且在立法设计中未对承担保护和管理职责匹配相应的资金和执法保障机制，使得管理职责在客观上流于形式，[②] 是自然保护区管理出现"九龙治水"现象的原因之一。复次，《国家公园管理暂行办法》作为涉及国家公园治理央地权力配置的规范性文件，除了层级不高带来的权威性不足等问题外，其定位也决定了在内容设置上多关注国家公园保护和管理等操作层面的具体事项，未能完整明确地回应包含管理模式在内的体制改革等基本问题，遑论涉及国家公园治理中的央地权力配置这一深层次问题。最后，各国家公园地方性法规均出台于试点期间，在内容上基本

[①] 于长革：《政府间环境事权划分改革的基本思路及方案探讨》，《财政科学》2019 年第 7 期。

[②] 杜文艳：《论新形势下自然保护区的法制建设》，《环境保护科学》2015 年第 4 期。

直接照搬《总体方案》中有关国家公园管理机构和地方政府的职责规定，即便从试点期间的试行立法变为正式立法，关于管理体制的条文设置依旧沿用政策文件的规定，地方性法规按照便于中央政府对国家公园进行统一保护和管理、地方政府维持当地社会稳定和经济发展的思路进行分别规定。虽然各国家公园管理条例均认可国家公园管理机构履行职责离不开地方相关职能部门的权力让渡和行动配合这一实际要求，但是仅用一句"地方政府根据需要配合国家公园管理机构做好生态保护工作"的概括性描述，难以厘清二者之间交叉重叠的职责设定，无法形成明确合理的央地权力配置方案。

（三）国家政策仅涉及领域内的财政事权配置

国家公园治理是集生态环境和自然资源保护和利用为一体的综合领域，尽管我国尚未出台专门针对国家公园治理的央地事权指导意见，但制定了《财政事权指导意见》《自然资源财政事权指导意见》《生态环境财政事权指导意见》《关于推进国家公园建设若干财政政策的意见》这四部国家政策性文件。前三者以国家公园所涉及的上位概念（自然资源、生态环境和基本公共服务领域）为规范对象，后者则直接聚焦国家公园领域，体现了我国财政事权配置的精细化走向，但缺乏事权配置的对应支持，将折损央地权力配置的整体效果。

国家公园作为由国家主导管理的、以保护具有国家代表性的大面积自然生态系统为主要目标的特定陆地海洋区域，应当属于由中央财政事权承担的全国性战略性自然资源使用和保护这一类别。由此，结合三份领域性文件分别进行判断，按照《自然资源财政事权指导意见》的内容引申，国家公园的调查监测、产权管理、国土空间规划和用途管制、生态修复应当确认为中央财政事权，灾害防治应当确认为央地共同财政事权；按照《生态环境财政事权指导意见》的内容可以推断，国家公园的规划制度制定和生态环境管理事务与能力建设应当确认为中央财政事权，环境污染防治应当属于央地财政共同事权。上述两份文件虽然已经按照保护和管理过程中有关生态环境和自然资源的事项作出了类型化区分，但很明显难以涵盖国家公园治理央地权力配置的所有事项，并且上述文件出现了与同时期涉及事权配置的《总体方案》的职责设定相矛盾的情形。而《关于推进国家公园建设若干财政政策的意见》作为规范国家公园财政事权的专门性文件，本应当延续已有文件的精神，进一步扩大和明确国家公园中央财政事权范围，但实际上该文件不仅在一定程度上限缩了财政保障范围，而且选择"基本建设"等词进行模糊处理，如此规定多与国家公园体制建设的治理实际密切相关。由于全民所有自然资源资产所有权的实际情况，国家公园事权配置仍处于改革构建阶段，未能及时出台相关规范性文件明确事权配置的方向和方案，因此作为以保障事权执行、确保与事权相一致财政政策采取保守性和原则性的规定，尚未能达到对国家公园治理央地权力进行针对性合理配置的程度。

二 央地政府关系的复杂性

中央与地方政府的职权配置作为央地权力的表现形式，是央地政府履行职能的基础和保障。虽然我国国家结构形式决定了中央政府的主导地位，并与地方政府组成了"领导支配—服从执行"的关系，在生态环境保护领域表现为中央指导和协调解决各地方、跨区域重大生态环境问题，地方辅助执行的分工思路，[①] 但在实践治理过程中，由于利益取向、执政资源和社会环境等因素的差异性，地方行为模式并不一定遵循中央规定路线，这是影响央地权力配置方案的先天原因。

（一）利益取向的互异性

权力配置归根结底围绕着各种利益关系，而央地权力配置则是中央与地方利益关系的显性表现。中央政府代表国家整体利益和社会普遍利益，地方政府代表局部地方利益，二者间利益关系相互统一又差异明显。从根本上讲，央地利益都以实现国家良善治理和社会稳定发展为最终目标，但在利益实现过程中，由于资源的稀缺性和追求自身利益最大化的行为动机，中央和地方产生了利益分歧，主要体现于地方政府既是中央利益的执行者和维护者，也是地方利益的代表者，其维护地方经济利益的选择与中央利益产生了博弈。[②]

央地利益取向的相对性在生态环境保护领域愈加明显。中央政府谋求经济发展、社会治理与生态环境相协调，以人与自然和谐共生为目标，旨

[①] 关华、齐卫娜：《环境治理中政府间利益博弈与机制设计》，《财经理论与实践》2015年第1期。

[②] 胡永平、龚战梅：《利益结构中的中央与地方政府关系及其法治化》，《理论导刊》2011年第6期。

在走上经济和生态环境利益相统一的绿色发展之路。① 随着"五位一体"整体布局的形成,中央政府一方面落实生态保护优先理念,加快推动自然保护地体系建设以实现对自然生态系统的合理有效保护;另一方面加强污染防治,不仅加大污染查处力度,而且加快产业升级转型,走节约资源的绿色可持续发展道路,这些都是中央站在全局角度维护国家长远利益的表现。在生态文明建设不断深化的时代背景之下,地方政府无论是出于执行中央生态环境保护政策的要求,还是认识到了生态环境保护的重要性,都产生了维护生态环境利益的普遍诉求,但是在进行利益抉择和排序时,生态环境利益还是让位于包含政治利益和经济在内的地方利益。具体来说,地方利益包含主要官员的政治利益和当地政府的经济利益。政治利益是指在我国政府绩效考核政治锦标赛模式下,官员所获得的政治升迁和政治声誉。即使为了打破原有唯"GDP"论而做出了将生态环境治理成效纳入政绩考核标准的举措,但是鉴于生态环境保护的长期性、复杂性和艰巨性以及结果的不可量化性,目前还是以可视化的经济建设成果为考核标准。因此,为了保障地方官员的政治利益,经济发展往往优于生态环境保护,经济利益要高于生态环境利益。② 经济利益是指地方政府发展经济以维护社会稳定与秩序,提高人民的物质生活水平。地方政府往往以牺牲环境、损耗资源或者破坏生态为代价,习惯性地选择高能耗高污染的传统产业换取短期经济利益。只有当经济利益得到切实保障时,或者出现生态环境问题掣肘经济利益和中央实施环保督察等特殊情形时,地方政府才会适当维护生态环境利益完成任务。因此,央地政府优先利益选项的差异性直接决定了两者在权力配置后的治理行为,很好地解释了出现相互争权和推诿现象的根本原因,这也成为调动地方积极性和主动性的突破口,即通过合理调控和有效制约权力达成利益共赢,从而激发地方政府维护生态环境的动力。

(二) 执政资源的不均衡性

央地权力配置需要依靠中央和地方政府予以具体实施,只有当央地政府拥有相应的履职能力,才能使央地权力配置发挥足够效能、达到预期目标。为此,只有充分考量与履职能力相关的权威资源、人力资源和信息资

---

① 余敏江:《论生态治理中的中央与地方政府间利益协调》,《社会科学》2011年第9期。
② 颜金:《论政府环境责任中的利益困境——基于府际关系视域》,《理论与改革》2014年第3期。

源等具有高度关联性的要素，才能更好地为央地权力配置提供智力支持，从而最大限度地激发中央和地方的两个积极性。

首先，政府权威是指政府作为公权力代表在施策过程中公民的自愿服从和认同程度，作为政府的本质属性是政府影响力的一种体现。[1] 很显然，基于中央和地方政府所处地位和影响范围的不同，其所拥有的权威资源也不尽相同。在我国现行行政管理体制下，中央政府处于领导、管理和监督各级地方政府的优势地位，其所享有的权威性依托法律和国家强制力的有力支持，对全国范围内的所有领域拥有绝对的控制力和影响力；地方政府权威不仅在地理范围上局限于本行政区域，而且由于在行使依据上多依赖中央授权与地方性法规和规章，所带有的易变性也将有损地方政府树立权威。基于央地政府自身权威资源的差别，应当将具有全国性、战略性和基础性的权力授予中央政府，保证国家在关键领域和重要问题上方向的正确性，保证中央政策的有效执行和遵从。

其次，人力资源是指央地政府官员是否具备足够能力行使权力，履行相应责任。考虑到静态权力配置需要依赖动态权力行使的逻辑关系，因而在初始权力配置时需要考虑政府官员的执行能力，这包括政府人员配置的完备性和人员质素的优劣性两方面。一方面，中央政府人员配置情况更为规范和合理，地方政府机构改革则相对迟缓、人员配置也稍显混乱。2018年新一轮国务院机构改革完成以及随后出台的各部门"三定方案"，标志着中央政府形成了更为精简的国家机构、更为合理的机构职能和更为明确的人员编制，其中生态环境部和自然资源部的组建，标志着全方位生态环境治理工作的开展。[2] 当自上而下的机构改革推行至地方时，地方出现了内部运作机制尚未理顺和人员编制较为紧张等问题。[3] 另一方面，不论是人员选拔机制和资格条件，还是人员培训和考核要求，抑或实践工作中的锻炼与机会，都将促使中央政府人员质素普遍高于地方，拥有更为优异的理解能力和执行能力。因此中央权力范围不仅应当包含上述全国范围内的基础性事项，还应当及于影响国家治理的重要领域，由中央政府掌握重要事项的管理权力，从而引领国家治理的整体格局和基调。

---

[1] 林霞：《政府购买公共服务中的权威设置与权利保障》，《社会科学家》2015年第9期。

[2] 梁丽芝、凌佳亨：《新时代党和国家机构改革：理论逻辑与鲜明特点》，《中国行政管理》2019年第10期。

[3] 毕瑞峰：《深化地方政府机构改革的思考与建议》，《探求》2020年第2期。

最后，信息资源是指信息传递的有效性，或者说是获取信息的多寡，代表政府对包括上述央地政府利益取向、执政资源和外部环境等在内的所有影响央地权力配置因素的了解范围和程度，是进行央地权力配置的先决条件。在大数据时代，政府决策具备多维度和多层次的数据支撑，虽然在很大程度上减少了信息不对称所带来的危害后果，但是增加了信息民主性和科学性的冲突。① 这也可以转化为中央和地方信息内容趋向性不同，信息来源广泛的中央政府更倾向于站在全局角度，从长远视角遵循科学性标准实现全体人民的整体利益；而信息来源更贴近地方、掌握信息优势的地方政府在实施行政行为时将更多地考量民生需求。生态环境保护领域既需要中央政府站在全局立场确保大政方针的科学性和指引性，也需要因地制宜结合不同地方在地理位置和资源底数等方面的治理需求。面对这种大数据时代所引发的生态环境治理在结构、流程和决策等方面的变革，作为掌握信息优势的地方政府应当依据各地资源禀赋和民众诉求，做出更有针对性的治理行为，为此，中央政府应当让渡给地方一定权力，以契合地方政府生态环境治理的必然需求，从而促进地方自主性的发挥。②

（三）外部环境的约束性

央地权力配置不仅需要考虑政府履职能力这一内部因素，还需要将权力置于外部环境下，关注权力与外部环境之间的关联性以及所产生的连锁反应。央地权力配置所处的外部环境主要包括政治环境和法律环境，分别与央地权力配置的合理性和合法性相关。

一方面，权力配置作为一个政治性问题，应当优先考虑所处政治环境是否稳定、是否拥有政策指引以及是否具备良好的政治生态。虽然我国整体政治局势相对稳定和明朗、民众认同度颇高，是权力配置具有合理性的外在表现形式之一，但也应当关注到不和谐因素的存在，从而正视央地权力配置尚存优化空间的事实。一则，中央权力配置建基于我国整体良好的政治局势，以保障多数人的共同利益为最终目标，以配合中央政府实现基本公共服务职能为基本方向，按照《财政事权指导意见》的要求，配之以高效完善的人员队伍。二则，由于存在地方政商勾连和官员腐败等现

---

① 江小涓：《大数据时代的政府管理与服务：提升能力及应对挑战》，《中国行政管理》2018年第9期。
② 侯佳儒、尚毓嵩：《大数据时代的环境行政管理体制改革与重塑》，《法学论坛》2020年第1期。

象，地方利益易被以利益集团为代表的少数人俘获。地方权力配置作为地方复杂利益的外在表达，在形式上缺乏清晰的权力清单，在内容上受制于各类潜规则。这在生态环境领域表现得尤为突出，中央政府大力倡导生态文明建设、组建生态环境部和自然资源部以及推进山水林田湖草沙一体化保护和系统治理等一系列举措，均展示了中央政府为生态环境治理所创造的良好政治环境，为中央上收部分生态环境治理权力提供了政治支持；但地方政府仍倾向于经济领域并将生态环境列为次要顺序。另一方面，央地权力配置也是一个法律问题，根据我国于法有据的要求以及法律的指引性功能，央地权力配置是法律中亟待解决的重要问题和关键内容，考察现行法律法规对央地权力配置规定的情况不可或缺。虽然我国《宪法》《立法法》《地方各级人民代表大会和地方各级人民政府组织法》等法律法规涉及央地国家机构职权规定的相关内容，但央地权力配置的主要依据是以指导意见形式呈现的政策性文件，依靠运动式、项目、行政发包、官员竞标等非常规治理手段，使得央地权力配置带有较大随意性和偶发性，是一种查缺补漏式的修正。这不仅尚未以国家立法形式明确央地权责划分的程序和方法，也没有通过法律制度进一步细化使之具有可操作性，更未将经过实践检验的规范性文件上升至法律层面，以填补法律有关央地权力配置的空白。缺乏强有力的法律保障虽然是制约央地权力配置的共性问题，但是经过对比中央和地方权力配置的立法情况可知，法律明确规定了中央专属权力和对各项事务的决定权，对地方权力的规定却付之阙如，缺乏相对明确的法律支撑。

三 职责同构的局限性

中央与地方政府间关系是我国政治领域的重大研究课题，涉及国家治理体系的基本规则，其中，央地政府间职能与责任的划分即职责结构配置是我国国家治理的核心问题之一。[1] 职责同构作为央地政府间职责结构配置的一种类型，是我国当下纵向政府间关系的典型特征，虽然在特定历史背景下发挥过优越的治理效能，但是随着各级政府事权规范化、法律化要求的提出，职责同构已经成为制约各层级政府有效发挥基本公共服务职能的深层次结构障碍。

---

[1] 陈世香、唐玉珍：《中央—地方政府间职责结构的历史变迁与优化——基于地方政府行动策略的视角》，《行政论坛》2020年第2期。

职责同构是指不同层级的政府在纵向间职能、职责和机构设置上的高度统一、一致。易言之，在该种治理模式下，中国每一级政府都管理大体相同的事情，相应地在机构设置上表现为"上下对口、左右对齐"。① 这具体体现于两个方面。一方面，央地政府机构设置在形式和数量上具有相似性。以省一级政府机构为例，在新一轮机构改革完成后，国务院 26 个组成部门中除了外交部、国防部、国家安全部、中国人民银行以外，都可以在省一级政府组成部门中找到对应机构，并且机构名称基本一致，只是在级别上从"部"改成"厅"。② 另一方面，涉及央地政府机构职权的制度安排也具有较高重合性。虽然《宪法》第 89、107 条分别规定了中央和地方政府职权，并且《地方各级人民代表大会和地方各级人民政府组织法》第 59、61 条进一步区分了县级以上地方各级人民政府和乡、民族乡、镇人民政府的职权，但是经过逐款对比可以发现，除了国防、外交等中央专属职权以及中央重制定、地方重执行的些许差异外，各级政府在政治、经济、文化、社会和生态等领域的管理权限几乎相同。我国治理实践遵循规范层面的要求，形成了中央政府拥有全国范围内的资源调配权，地方政府拥有辖区范围内与之相应的资源调配权的格局。③ 我国央地政府间职责同构模式是我国长期奉行的"有机整体、上下衔接、政令统一"纵向政府间关系的载体。其之所以能够从计划经济时期一直存续至今，主要得益于两方面的制度优势：一是地方政府对标中央政府的机构设置有利于实现政令上下贯通、达成共识，使得下级职能部门能够及时得到工作指导，便于上级政策的有效落实和执行；二是实现上级对下级的直接管理和有效监督，有助于中央政府快速上收各类资源，集中力量办大事，从而提高资源使用效率。④

在职责同构治理模式下，地方政府职责作为中央政府职责的翻版和细化，行政职责仅随着行政级别的降低而相应地缩减管辖范围，未通过具体

---

① 朱光磊、张志红：《"职责同构"批判》，《北京大学学报》（哲学社会科学版）2005 年第 1 期。

② 徐双敏、张巍：《职责异构：地方政府机构改革的理论逻辑和现实路径》，《晋阳学刊》2015 年第 1 期。

③ 桑玉成、鄢波：《论国家治理体系的层级结构优化》，《山东大学学报》（哲学社会科学版）2014 年第 6 期。

④ 张志红：《中国政府职责体系建设路径探析》，《南开学报》（哲学社会科学版）2020 年第 3 期。

事项分工进行职责分类,① 这种"上下一般粗"一管到底模式的关键痛点在于中央和地方政府的职权和责任缺乏明确的界限,直接导致"地方全能"和"地方无能"两种极端后果并存的现象。前者是指由于地方政府无法明确地方事务的具体范围,只能尽可能地选择将有限资源覆盖至地方所有事务,过分庞杂的管理事项使得地方政府无法集中资源解决最为紧要的问题;后者是指由于中央几乎垄断了事项决策权,可能存在中央过度干涉地方事务的嫌疑,导致地方政府在处理地方性事务时往往遭到掣肘,严重制约了地方自主性和积极性的发挥。② 上述两种现象最终都将引发地方资源使用效率低下的结果,为了改变这两类现象,作为理性经济人的地方政府选择争利让责的方式,一方面,要求中央政府下放部分权力以激发地方政府的积极性,另一方面,又将责任上移交由中央政府承担,以此走出地方政府担责的困境。因此,央地政府职责同构的体制背景容易导致央地权力上收和下放反复变动,而且所存在的央地权力划分不清等问题必将引发条块矛盾。

央地政府职责同构作为我国政府管理体制建设的整体特征,同样覆盖生态环境保护领域。无论是中央和地方政府对应组建地生态环境和自然资源部门,还是央地政府部门网站上公开介绍的职责内容,均在机构设置和纵向职权划分上具有高度一致性。虽然环境监测垂直管理和中央上收重要自然资源管理权的改革,都在尝试打破职责同构所带来的局限性,但是并未真正改变央地政府间条块冲突、相互博弈的局面。例如:地方生态环境和自然资源等职能部门不仅受到中央职能部门的垂直领导,而且受到地方政府在人财物方面的直接管理,依旧陷入权责划分不清而左右为难的境地,同样产生了管理效能受限的后果。

四 自然资源资产产权制度改革的阶段性

产权制度作为国家治理的基础性制度,在与自然环境建立结构性联系后,形成了自然资源资产产权制度,意在对自然资源进行节约集约利用和有效保护。自党的十八届三中全会后,自然资源资产产权制度作为我国生态文明制度建设的要求之一首次走进大众视野,形成归属清晰、权责明

---

① 陈娟:《政府公共服务供给的困境与解决之道》,《理论探索》2017年第1期。
② 黄韬:《法治不完备条件下的我国政府间事权分配关系及其完善路径》,《法制与社会发展》2015年第6期。

确、监管有效的自然资源资产产权制度成为国家要求。党的十九大报告进一步细化改革要求，提出分别建立国有自然资源资产管理和自然生态监管机构，统一行使全民所有自然资源资产所有者、国土空间用途管制和生态保护修复、监管城乡各类污染排放和行政执法这三大类职责。随后中央又出台了一系列有关自然资源资产产权制度和体制建设的支撑性政策文件，直到2019年《关于统筹推进自然资源资产产权制度改革的指导意见》（以下简称《资源产权指导意见》）这一专门性文件的出台，标志着我国自然资源资产产权制度改革的政策体系已经基本建成，形成的"原则抽象性+具体实施性"特征共存的政策安排不仅起到了宣示作用，而且具备了指导改革实践的条件。[①] 从时间维度上看，虽然产权制度已经存在较长时间，但是将自然资源作为产权制度的规范对象一直到2013年才正式提出，而从顶层设计落实到具体指导意见又经过了六年时间的探索，因此若将《资源产权指导意见》作为自然资源资产产权制度有章可循的改革开端，可以初步推断自然资源资产产权制度仍处于改革过程之中。

若要进一步探讨自然资源资产产权制度必须首先区分"自然资源"和"自然资源资产"这两个相近概念。"自然资源资产"作为"自然资源"的下位概念，必须是能够被人类稳定控制并且具有经济或者生态价值的、可供开发和利用的自然资源。因而虽然《宪法》第9条列举的自然资源并不当然进入财产法秩序，但可以经过法律规定将特定的自然资源确定为财产法意义上的国家所有权或者集体所有权对象，从而形成自然资源资产产权关系。[②] 或者说当明确自然资源归国家所有时，就已经将自然资源看作可供国家控制和支配的生产资料，应当属于社会主义公共财产的组成部分，即自然资源资产就是指狭义的自然资源。自然资源资产产权关系的具体内容需要建基于自然资源兼具的环境保护和资源利用这两大属性，为了分别实现其上附属的环境和经济利益，前者表现为对自然资源进行规划、组织、指导和协调等便于科学保护的管理措施；后者是指建立和完善包含自然资源有偿使用制度在内的，对自然资源进行资产化管理等以实现保值增值为目标的监管措施。[③]《资源产权指导意见》在规范层面对

[①] 刘超：《自然资源产权制度改革的地方实践与制度创新》，《改革》2018年第11期。
[②] 程雪阳：《国有自然资源资产产权行使机制的完善》，《法学研究》2018年第6期。
[③] 孙鸿雁、张小鹏：《国家公园自然资源管理的探讨》，《林业建设》2019年第2期。

自然资源资产的双重目标和价值取向给予了肯定性回应，改变了原有"重利用、轻保护"的老路，将资源保护和开发利用进行了统筹考量，明确了自然资源产权制度在严格保护资源、提升生态功能中的基础作用，以及在优化资源配置、提高资源开发利用效率中的关键作用。

《资源产权指导意见》作为自然资源资产产权制度改革的重要文件，虽然提出了健全自然资源资产产权体系和监管体系，以及明确自然资源资产产权主体等多项建设性建议，但是综观我国自然资源资产改革现状发现，目前自然资源资产底数不清、所有者不到位、权责不明晰、权益不落实、监管保护制度不健全等问题导致的产权纠纷多发、资源保护乏力、开发利用粗放等现象依旧存在，《资源产权指导意见》在实践中的指引和规范作用尚未得到真正有效体现。具体来说，首先，虽然名义上要求自然资源国家所有，但在实际操作中由地方政府具体行使自然资源所有权的现象广泛存在。比如由地方政府享有对国有土地进行划拨、出让、收回等国有土地处置权以及由此产生的收益权，而国家作为自然资源所有者却被虚置，这与自然资源国家所有的设置初衷相违背，导致自然资源资产产权主体错位、无法落实应有权益。与此同时，在自然资源国家所有权虚化的背景下，地方政府不仅习惯于行使辖区内的自然资源所有权，而且将由此产生的权益与地方发展利益紧密联系。这就造成当自然资源资产产权改革提出落实所有者职责、上收所有权交由自然资源部统一行使的要求时，地方政府将会抵触国家所有权，进而延缓或者阻碍产权改革的进程。[1] 其次，自然资源资产产权体系不完善，突出表现为自然资源使用权交叉重叠、边界不清，比如渔业权和水资源使用权、海域使用权、水权的相互关系不清。最后，自然资源资产所有权管理过分强调运用权力的行政管理手段，忽视了所有者权益，由此诱发了所有者和管理者权责不清的问题。[2] 上述这些问题的存在皆是源于产权改革尚不彻底，改革优势尚未体现，应当继续按照"所有者与管理者相分离"原则，明确国家对全民所有自然资源资产行使所有权并进行管理，与国家对国土范围内自然资源行使监管权不同，前者是所有权人意义上的权利，后者是管理者意

---

① 刘尚希：《自然资源设置两级产权的构想——基于生态文明的思考》，《经济体制改革》2018年第1期。

② 钟骁勇、潘弘韬、李彦华：《我国自然资源资产产权制度改革的思考》，《中国矿业》2020年第4期。

义上的权力。① 由此，应建立和完善我国自然资源监管体制，使所有者和管理者相互独立、配合和监督，从而着重解决所有者主体缺位以及所有权和管理权混同等亟须解决的难题。

由于资源配置的背后往往关系到权利和权力的配置，我国自然资源资产产权制度的改革问题实际上就是权利和权力的配置问题。② 目前存在的产权问题对国家公园乃至自然保护地管理产生了负面影响。一方面，由于自然资源所有权长期受地方政府掌控，自然保护地管理机构在对自然资源行使保护和管理权力时，往往由于不具备所有权而受到行为限制。另一方面，由于自然资源权属关系不明确，自然保护地管理机构、地方政府及其相关部门均可以对自然保护地内各类自然资源行使行政管理权，出现多头管理、相互争权的现象。③ 可以说，自然资源资产产权改革的阶段性和不彻底性不仅直接影响了国家公园内自然资源资产产权的清晰性，也是影响国家公园治理央地权力配置的深层次原因，打乱了所有权和管理权之间的关系。

综上所述，对国家公园治理中的央地权力配置困局的原因分析经历了从一般到特别的逻辑走向，即围绕央地权力、央地政府和自然资源这三个核心要素予以开展。首先，考察我国现行《宪法》、相关法律和国家政策中对央地权力以及环境领域央地权力的规定情况，发现只能提供原则性指引是央地权力配置难的直接原因。其次，央地权力配置是多因一果的表现，我们既要对央地政府内部的利益、定位和能力进行综合衡量，也要对央地政府外部的框架结构进行反思，从而认清央地权力配置困局形成的客观因素。最后，国家公园治理作为自然资源管理的缩影，同样受到产权这一问题的困扰，央地自然资源所有权的错位是国家公园领域央地权力无法得到有效配置的又一原因。

---

① 《访谈自然资源所有权益司负责人：解读全民所有自然资源财产所有权委托代理机制试点》，自然资源部网站，https://www.mnr.gov.cn/ft/202203/t20220329-2732034.html，最后访问日期：2023年1月5日。
② 卢现祥、李慧：《自然资源资产产权制度改革：理论依据、基本特征与制度效应》，《改革》2021年第2期。
③ 张小鹏、王梦君、和霞：《自然保护区自然资源产权制度存在的问题及对策思路》，《林业建设》2019年第3期。

第四章

域外国家公园治理央地权力配置的综合考察

第一节 域外国家公园治理央地权力配置的类型划分

考察域外国家公园治理中的央地权力配置背景,既是为研究央地权力配置提供较为清晰的研究对象,也说明在各国国情和国家公园治理存在差异性的情形下,借鉴域外国家公园治理央地权力配置的必要性。换言之,本书对域外国家公园治理中的央地权力配置并不是简单地照搬照抄,而是根据自然资源权属情况对国家公园管理模式造成的直接影响,总结出央地权力配置的一般规律,作为合理配置央地权力的决定性要素。对自然资源权属和国家公园管理模式进行排列组合,形成三种域外国家公园模式,有利于丰富我国国家公园治理央地权力配置的参考经验。

一 权属单一的集权型治理

该种模式下的权属单一是指国家公园内的自然资源(尤其是土地资源)主要由联邦政府掌握,集权型是指由中央(联邦政府)依托国家公园管理机构进行自上而下的统一管理,可以说自然资源权属相对单一且由中央所有是实行国家公园中央集中管理的必要条件,美国作为自上而下型管理的典型将予以重点介绍。美国内政部作为统管美国所有自然资源的管理部门,肩负着自然资源所有权资产管理、生态修复和监管的职责,其成立标志着美国自然资源管理走向相对集中统一的道路。内政部的管理对象囊括了国家公园和国家野生动物保护区所在的公共土地、归联邦所有或者其他地表所有权人所有的矿产资源、能矿资源和水资源。[1] 内政部按照资

---

[1] 陈静、陈丽萍、汤文豪:《美国自然资源管理体制的主要特点》,《中国土地》2018年第6期。

源种类下设 10 个管理局对各类自然资源进行专业化管理，形成以分类为基础、加强综合管理为目标的管理体系，国家公园管理局的职责范围涉及国家公园、历史遗迹和保留地等联邦区域。[1] 鉴于生物、矿产和森林等资源类型都依附于土地存在的事实，土地资源作为最基础和重要的自然资源是美国自然资源产权管理的核心，而土地资源管理也构成了国家公园自然资源管理的基础内容。虽然美国土地所有制形式包含了私人所有、州政府所有和联邦政府所有这三种，但是美国国家公园土地超过 90% 的份额由联邦政府所有，对于不属于联邦所有的土地，国家公园将优先通过征收的方式获取国家公园内非联邦所有土地所有权，以确保国家公园内自然资源和文化资源的有效管理。若所有权人拒绝，则采用"保护地役权转移"方式通过合作协议获得土地使用管理权。[2] 可以说，美国国家公园的土地所有权结构较为单一且多属于联邦政府，直接奠定了美国国家公园实施中央集权型管理的基础。美国实行以中央集权为主、垂直领导的国家公园管理体系，由内政部下属的国家公园管理局作为中央层面设置的专门机构直接管理全国范围内的所有国家公园，按照自上而下层层管理的模式，形成"国家公园管理局—地区分局—公园管理局"三级管理机构设置。在总局的领导下，分设 7 个跨州的地区局作为国家公园地区管理机构以及 16 个支持系统，每个国家公园实行园长负责制，遵循从全国到区域再到具体国家公园的结构路径。[3] 虽然国家公园所在地的地方政府无权干涉国家公园管理局的管理，但是国家公园的实际管理工作需要其他部门合作和非政府民间机构辅佐，因此，国家公园管理局应当鼓励州、市政府在遵循统一标准的前提下代为管理，以确保和激励代管地方政府的合规性和积极性。[4]

除了美国以外，加拿大、新西兰、俄罗斯、瑞典等国的国家公园均适用这种模式。首先，加拿大国家公园分为联邦政府设立的国家公园和省立

---

[1] 陈静、汤文豪、陈丽萍等：《美国内政部自然资源管理》，《国土资源情报》2020 年第 1 期。

[2] 孙婧、侯冰、余振国：《山川河流共护 资源权益共享——国外自然资源调查登记和国家公园管理经验》，《国土资源》2019 年第 3 期。

[3] 李想、郭晔、林进等：《美国国家公园管理机构设置详解及其对我国的启示》，《林业经济》2019 年第 1 期。

[4] 李丽娟、毕莹竹：《美国国家公园管理的成功经验及其对我国的借鉴作用》，《世界林业研究》2019 年第 1 期。

国家公园，在此仅讨论前者。虽然加拿大的土地所有制形式分为联邦政府所有、省政府所有和私人所有这三种，但是按照法律法规规定，建立国家公园的前提是将区域内的所有权和管辖权全部收归国有。在此基础上，加拿大环境部成立了专门管理联邦国家公园的机构——加拿大国家公园管理局，管理局下设32个现场工作区域，负责各种政策项目的运转。其次，新西兰土地资源多掌握于中央政府，为"保护部—地方性管理办公室"这一从中央到地方的双层垂直管理体系奠定了基础。最后，俄罗斯国家公园内的自然资源与不动产皆属联邦所有，形成由"联邦自然资源与环境部—国家公园管理处"组成的管理体系，分别对应全国范围内所有国家公园和单个国家公园的管理。[①]

二 权属复杂的综合型治理

该种模式下的权属复杂是指国家公园内自然资源（尤其是土地资源）分属于中央政府、地方政府和私人所有，综合型是指国家公园采取自上而下和自下而上相结合的方式，由中央政府和地方政府（或者个人）共同对国家公园进行管理。虽然日本和英国都采用该种模式，但在具体管理行为上存在一定差异性。

日本自然资源主要由国土交通省、经济产业省、农林水产省和环境省四个中央部门管理，其中环境省负责资源循环利用、自然保护区、国家公园和生物多样性保护。[②] 日本国家公园由国立公园、国定公园和都道府县立自然公园三类构成。其中，国立公园（也就是国际上的国家公园）的土地所有权由国有地、公有地和私有地组成，相应的所有权人为国家、地方政府和私人。由此，日本国家公园主要由中央政府部门、地方政府，以及私营和民间机构参与建设和管理。[③] 日本环境省直接负责国立公园的总体管辖，具体由环境大臣负责监督管理国家公园事务，环境省内设有自然环境局国家公园课。环境省按地区在全国设有11个自然保护事务所，自然保护事务所又下设67个自然保护官事务所，除了辖区内每个国家公园

[①] 蔚东英：《国家公园管理体制的国别比较研究——以美国、加拿大、德国、英国、新西兰、南非、法国、俄罗斯、韩国、日本10个国家为例》，《南京林业大学学报》（人文社会科学版）2017年第3期。

[②] 邓锋：《当前日本自然资源管理的特点与借鉴》，《中国国土资源经济》2018年第10期。

[③] 郑文娟、李想：《日本国家公园体制发展、规划、管理及启示》，《东北亚经济研究》2018年第3期。

均设有专门负责国立公园管理事务的自然保护官事务所外,在国立公园数量较多的地区,还设有二级管理机构——自然环境事务所,如中部地区的长野自然环境事务所、北海道地区的钏路自然环境事务所等。[1] 国定公园和都道府县立自然公园由各地方政府环境局下属的自然环境科进行统一管理。除了中央政府部门和地方政府外,日本要求当地居民、私人企业、非政府组织和土地使用者通过角色分工,也参与进国立公园的管理和运营,按照对象主题和对象区域范围两大要素,成立四类理事会以表达利益相关者的关注。[2]

英国国家公园建立在土地私有的基础上,公园内土地权属复杂并呈现出多元化特点,土地所有者由当地农户、国家信托、军队和公园管理局等组成,由此英国国家公园的管理决策参与主体由政府部门、当地居民和非政府组织等共同构成。在联合王国层面,由环境、食品和乡村事务部统一管理所有国家公园,下属分别由英格兰自然署、威尔士乡村委员会和苏格兰自然遗产部负责国土范围内的国家公园管理,每个国家公园都设有独立的公园管理局作为多机构协同治理的交流平台,针对相关机构和个人等土地所有者的参与。[3] 虽然英国国家公园管理责任主体是英国政府和地方国家公园管理局,但国家公园的具体管理主要以地方国家公园管理局和当地社区居民为基础,当地居民、非政府机构和其他利益相关者支撑着国家公园管理机构的组织和运行,形成一种合作伙伴关系。[4]

三 权属单一的自治型治理

该种模式下的权属单一指的是国家公园内的土地属于州政府,自治型是指国家公园由地方政府也就是州政府主导管理。德国作为一个联邦共和制国家,联邦政府保护地的土地权属包括私人土地、社区土地和州的公有土地,但是从建立国家公园开始,国家公园内的土地就属于州的公有土

---

[1] 赵人镜、尚琴琴、李雄:《日本国家公园的生态规划理念、管理体制及其借鉴》,《中国城市林业》2018年第4期。

[2] 郑文娟、李想、许丽娜:《日本国家公园设立理事会的经验与启示》,《环境保护》2018年第23期。

[3] 王应临、杨锐、埃卡特·兰格:《英国国家公园管理体系评述》,《中国园林》2013年第9期。

[4] 李爱年、肖和龙:《英国国家公园法律制度及其对我国国家公园立法的启示》,《时代法学》2019年第4期。

地，权属单一清晰，相应的土地管理职责也落在州政府。[1] 有鉴于此，虽然联邦政府层面负责国家公园相关事务的机构为德国环保部及其下属的联邦自然局，但是州政府拥有国家公园实际管理权，设立三级管理机构。一级机构为州立环境部，二级机构为地区国家公园管理办事处，三级机构为县（市）国家公园管理办公室。国家公园管理机构作为政府机构分别隶属于各州（县、市）议会，并在州或县政府的直接领导下，自主地进行国家公园的管理与经营事务。[2] 虽然德国国家公园实行地方自治管理，但是各州之间、各州与联邦政府之间、政府机构与非政府机构之间联系紧密，为此设立了两个以保障国家公园主管部门主导地位为前提的委员会。国家公园顾问委员会由联邦层面有关环境和自然保护等部门代表，州（区、县）政府层面有关农业和林业等部门人员，以及各类行业协会和科研机构组成，目的在于为利益相关者提供交流平台。国家公园地方政府委员会由国家公园所在地州长、县长组成，目的在于协调国家公园与地方政府之间的关系。[3]

综上所述，域外国家公园央地权力配置是以中央集权型、中央集权和地方分权相结合的综合型、地方自治型管理模式为指导形成的方案，上承国家公园内自然资源尤其是土地资源的权属情况，中央所有、地方所有和私人所有的比例与管理模式选择呈正相关的关系；下启国家公园管理机构的设置情况，按照国家公园管理机构的设立或者上级机关属于中央还是地方，分类保障具体权力的有效配置。

第二节　域外国家公园治理央地权力的依法配置

域外国家公园治理央地权力配置的具体情况虽然混合了各国国家公园治理政策、机构设置和管理模式等因素，但都是顺应该国现行管理模式和自然资源权属关系的应有选择，多由国家公园法律法规体系予以承接和表现，故而成为我国国家公园治理央地权力配置的直接参考对象。按照中央

---

[1] 天恒可持续发展研究所、保尔森基金会、环球国家公园协会编著：《国家公园体制的国际经验及借鉴》，科学出版社2019年版，第301页。

[2] 国家林业局森林公园管理办公室、中南林业科技大学旅游学院编著：《国家公园体制比较研究》，中国林业出版社2015年版，第70—71页。

[3] 庄优波：《德国国家公园体制若干特点研究》，《中国园林》2014年第8期。

集权型、中央集权和地方自治相结合的综合型以及地方自治型这三种模式,分别从各国出台的法律文本和机构职责中研究域外央地权力配置经验,既有利于摸清管理模式与权力上收和下放之间的关联性,也有益于发现符合治理需求的央地权力配置规律。

一 集权型国家公园的央地权力配置

集权型国家公园央地权力配置的整体特征可以概括为:中央政府享有高度实际的管理权,地方政府仅享有有限代管权,在此先考察美国国家公园央地权力配置的实际情况。

一方面,美国是中央集权型治理的代表性国家,美国以国会法案或者总统令的形式批准建立国家公园,组成国家公园体系,创建国家公园管理局代表联邦政府行使管理国家公园的绝对权力。

首先,美国国家公园的立法权由中央行使。美国的国家公园法律体系既有国会针对国家公园体系的整体立法和具体国家公园的单独立法,如《国家公园综合管理法案》《总管理法》《国家公园管理局组织法》《建立黄石国家公园法》《大盆地国家公园法》等;也有国家公园管理局针对每个国家公园管理所发布的管理方针,如《第9号局长令》《第20号局长令》《国家公园管理局管理政策》等。[1] 无论国家公园立法主体是国会还是国家公园管理局,都显示出美国国家公园立法层次高这一显著特征。

其次,美国国家公园的人事权由中央行使。国家公园管理局局长由总统提名并且经过美国参议院批准,下设3名副局长对局长负责,其中负责国家公园体系具体运营的副局长下辖7位管理专项事务的协理局长。[2] 美国国家公园的领导管理人员随着自上而下的机构设置,也形成了由中央层层任命的人事制度,掌握人事任免权是保障国家公园管理局对各国家公园直接控制和管理的关键抓手。

再次,国家公园管理局掌握着国家公园管理的绝对事权。按照《国家公园基本法》的规定,国家公园管理局的基本职责可以概括为:管理和监督联邦地区的国家公园、古迹和保留地,其一切行为应当以保护自然风光、野生动植物和历史遗迹,为人们提供休闲享受的场所为最终目的,

---

[1] 刘红纯:《世界主要国家国家公园立法和管理启示》,《中国园林》2015年第11期。
[2] 吴亮、董草、苏晓毅等:《美国国家公园体系百年管理与规划制度研究及启示》,《世界林业研究》2019年第6期。

以不能破坏资源，将资源留给后代使用为最低限度。这包括通过授予特权、租赁合同、许可证等方式对自然资源进行合理使用，允许电力和交通通信设施的通行以及基本公共设施的建造，接受土地和资金捐赠，合理使用中央拨款以及紧急情况下对游客的救助等职责。[①] 具体来说，包括以下四项权力。一是规划权。美国国家公园的规划设计具有垄断性质，由国家公园管理局根据各个国家公园提供的资料汇总编制总体管理规划。各国家公园在遵循总体管理规划的宗旨下，有权编制低层级有关土地、资源管理、交通和环境教育等项目的管理计划，以及基础设施设计和建设等专项计划以达成具体管理需求。二是特许经营权。特许经营权是指国家公园管理局享有外包国家公园内商业活动的权力，主要指经营性项目的准入。特许经营是贯彻美国国家公园管理权和经营权分开的关键性制度，国家公园管理局不仅拥有国家公园内所有用于特许经营设施的产权，而且可以通过授予各国家公园管理机构根据商业规划，以合同的形式确定拟续约或者新增的特许经营项目的数量、规模和地点，对国家公园内的住宿、餐饮和娱乐等项目进行审核和批准的权力。与此同时，将特许经营产生的20%收入上缴财政后，国家公园管理局有权对剩下的80%特许经营费进行自主支配，主要用于国家公园内生态与资源保护等相关支出。[②] 三是建设项目核准权。国家公园管理局有权对所有新建筑进行审核，根据是否满足融入景观环境和资源影响度最小两大标准，决定是否允许建设项目投资建设。四是国家公园内的独立执法权。国家公园管理局任命经过专业训练的执法官员为园警，园警依据国家公园管理局制定的管理规定，负责查处国家公园内的一切违法行为。园警级别与联邦警察级别相同，高于地方警察，园警不仅有权执行州法律，还有权调动地方执法力量配合工作。[③] 国家公园管理局落实对国家公园的全过程保护和管理，从事前规划和准入，到事中监督，再到事后执法追责，体现了国家公园管理局的绝对控制力。

最后，国家公园的资金来源形成以联邦政府财政拨款为支撑，包括门票、其他收入和社会捐赠的多元资金机制，由国家公园管理局进行统一管理和使用。美国国会每年对国家公园的拨款均超过20亿美元，按照资金

---

① 国家林业局森林公园管理办公室、中南林业科技大学旅游学院编著：《国家公园体制比较研究》，中国林业出版社2015年版，第16—19页。
② 刘玉芝：《美国的国家公园治理模式特征及其启示》，《环境保护》2011年第5期。
③ 朱仕荣、卢娇：《美国国家公园资源管理体制构建模式研究》，《中国园林》2018年第12期。

使用用途分别存入运营费、保护费、特别经费、基建费和购地费五大国家公园管理局专有账户中，为国家公园保护和管理提供了稳定的资金支持，保证了国家公园管理局的非营利性公益机构定位。[①]

另一方面，与中央集权下国家公园管理局享有的强大管理权限相比，州政府和地方政府在原则上不得干预国家公园的管理，仅能根据国家公园管理局的委托，代理执行某些具体事务。按照美国联邦法律的规定，除了自主选择参与国家公园规划外，州政府和地方政府几乎或者完全不介入国家公园管理局管理和规划的决策制定过程，即使州政府和当地政府对某项规划提出意见，也难以对国家公园管理局的最终决策产生实质影响，只能被动地扮演参与角色。

除了美国以外，加拿大、新西兰、俄罗斯、瑞典等其他采用中央集权型国家公园管理模式的国家，均赋予国家公园中央管理机构很大的管理权限。首先，由中央掌握国家公园立法权是最显著的特征。无论是加拿大的《国家公园法》《国家公园管理局法》等，还是新西兰的《国家公园法》《保护法》《国家公园法一般性政策》等，抑或是俄罗斯国家公园法律体系中的《联邦自然保护地法》《森林法》《土地法》等联邦法律，上述法律的出台是中央层面行使立法权的结果，均证明了上收立法权是各国国家公园中央集权的首要选择。其次，加拿大国家公园管理局、新西兰保护部、俄罗斯联邦自然资源与环境部作为加拿大、新西兰、俄罗斯三国管理全国范围内所有国家公园的中央机构，其职责范围均囊括国家公园内行政、管理、经营和监督等重要方面的权限，不仅包括编制涵盖国家公园保护措施和目标的国家公园规划和管理计划，而且包括对国家公园内的资源利用行为进行事前准入和事中监督。最后，三国国家公园经费主要源于联邦政府，并且逐年提高比例。[②] 这些国家虽然也实行中央集权式管理，但是中央集权程度略低于美国，与美国地方政府相比，这些国家的地方管理部门可以辅助国家公园管理局进行国家公园的政策落实和日常管理，在一定程度上切实参与了国家公园管理。总体而言，对于中央集权型管理的国家公园，在权力配置上呈现明显的上收趋势，由中央国家公园管理机构进

---

① 天恒可持续发展研究所、保尔森基金会、环球国家公园协会编著：《国家公园体制的国际经验及借鉴》，科学出版社 2019 年版，第 28—38 页。

② 钟永德、徐美、刘艳等：《典型国家公园体制比较分析》，《北京林业大学学报》（社会科学版）2019 年第 1 期。

行统一管理和规划,掌握事关国家公园治理的核心权力,有利于杜绝地方干预、贯彻国家公园保护第一的基本原则。

二 综合型国家公园的央地权力配置

综合型国家公园央地权力配置的总体特征是在中央政府主导国家公园管理权的同时,地方政府也拥有一定的自治权。虽然日本和英国都采取自上而下和自下而上管理相结合的模式,但是两相比较而言,英国国家公园治理的地方自治化程度更高。就日本目前国家公园治理央地权力配置的情况而言,一方面,日本政府围绕国立公园(国家公园)、国定公园(准国家公园)和都道府县立自然公园等制定法律法规,形成了相对完善的法律体系。首先,中央层面制定了《自然公园法》这一针对自然公园的专门性法律,确立了国立公园的总体框架,设置专章对国立公园和国定公园中有关设立、规划、事业、保护和利用、生态系统维持与恢复等方面的内容作出详细规定,还颁布了《自然公园法施行令》《自然公园法施行规则》等配套法规,保证中央能够有效行使国立公园立法权。其次,环境大臣作为国立公园的直接管理者,有权决定国立公园和国定公园的计划、约束和处罚破坏自然景观的行为、对国家公园自然资源进行用途管制、设置国家公园准入原则,以及许可开发利用行为等。同时,自然保护事务所的管理人员即自然保护官,作为国家公务员具体负责计划立案、协调当地地方团体及公园土地所有者的关系、给游人进行自然解说等管理性事务。最后,日本国立公园资金投入以国家环境省的财政拨款为主,以自筹、贷款和引资等方式为辅。[①] 总而言之,日本国家层面基本掌握了国立公园管理权,对国立公园的管理依托自上而下的机构设置形成了管理权层层下放和细化的格局。与此同时,都道府县及审议会不仅有权对国立公园计划提出意见、对国定公园计划提出申请,而且有权决定都道府县自然公园计划。可以说,地方政府通过对国立公园计划行使参与权,在一定程度上拥有影响国立公园管理的可能性和自主性。[②]

英国国家公园管理责任主体主要是英国政府和地方国家公园管理局,

[①] 李闽:《国外自然资源管理体制对比分析——以国家公园管理体制为例》,《国土资源情报》2017年第2期。

[②] 国家林业局森林公园管理办公室、中南林业科技大学旅游学院编著:《国家公园体制比较研究》,中国林业出版社2015年版,第179—187页。

英国通过立法确定国家公园的发展目标，成为地方国家公园管理局实施具体管理的行动指南，而地方国家公园管理局则是制订管理计划书、确定具体实施方案的实际执行者。① 首先，英国国家公园立法权由中央议会行使，自《国家公园与乡村进入法》确立国家公园法律地位开始，先后出台了《环境法》，苏格兰《国家公园法》《城乡规划法》《乡村道路权法》《自然环境和乡村社区法》等一系列影响国家公园管理和规划的法律，组成了较为完善的国家公园法律体系，其中《国家公园和乡村土地使用法案》规定了具体的保护和管理措施。其次，中央和地方分掌人事任免权。虽然国务大臣在英国议会授权下，负责确定管理局人员编制的总额以及地方管理局的编制数额，但是国家公园管理局人员由国家和地方政府的代表共同组成。再次，国家公园事权由国家公园管理局主导，组织地方当局、私人企业、慈善组织、土地管理者和社区组织共同行使具体事权。国家公园管理局有权编制、批准和实施国家公园规划，并将规划管理列为头等重要的管理职责。虽然国家公园的规划管理独立于地方政府，但是公园管理局与地方政府和各类利益相关者会在规划起草过程中进行意见探讨。在国家公园日常管理中，公园管理局没有独立执法权和处罚权，需要依靠地方政府的执法力量查处国家公园内的违法行为，地方政府的职责主要涉及治安维护、道路修建、建设项目的授权许可、垃圾收集和处理等方面。② 公众参与是英国国家公园管理的一项重要内容，公众不仅有权参与地方规划咨询、帮助制定地方规划，而且需要承担环境巡护、公众环境教育和特许经营等职责。③ 最后，国家公园管理局的资金来源包括中央政府的资助、地方当局的预算、国家公园的自身收入以及特殊的基金等多种渠道。总而言之，选择中央与地方相结合治理的国家公园一方面通过将立法权和基本管理权上收中央，保证国家公园保护和管理的整体方向；另一方面将部分管理权下放给地方政府、利益相关者和社会公众，既降低了中央直接管理的高昂成本和信息不对称风险，也有利于发挥地方积极性，促进国家公园管理的科学性和民主性。

---

① 王江、许雅雯：《英国国家公园管理制度及对中国的启示》，《环境保护》2016年第13期。

② 黄德林主编，林璇、黄恬恬、马岩副主编：《发达国家国家公园发展及中国国家公园进展》，中国地质大学出版社2018年版，第24—31页。

③ 秦子薇、熊文琪、张玉钧：《英国国家公园公众参与机制建设经验及启示》，《世界林业研究》2020年第2期。

三 地方自治型国家公园的央地权力配置

地方自治型国家公园央地权力配置的总体特征是由中央政府承担宏观指导职能，地方政府享有国家公园内高度自治权、承担国家公园管理的主要职责。一方面，联邦政府负责国家公园统一立法，不仅颁布了《联邦自然保护法》，为各州管理国家公园制定了框架性规定，而且围绕国家公园所涉及的诸多领域制定了《联邦森林法》《联邦环境保护法》《联邦狩猎法》《联邦土壤保护法》等法律。联邦自然保护局作为负责国家公园相关事务的中央机构，主要职责是为联邦政府决策提供科学依据，为保护、科研和实验的重大项目提供资金、开展国际合作、完善信息资源，发挥框架制定、服务和引导功能，并不关注国家公园具体事务的管理。[1] 另一方面，州政府作为国家公园的责任主体，下设由各州环境部部长直接领导的国家公园管理机构负责各国家公园的实际管理。首先，各州以《联邦自然保护法》为基础，根据各州实际情况制定自然保护方面的专门法律，形成"一区一法"，如《巴伐利亚州自然保护法》，或者针对具体国家公园颁布法令，如《科勒瓦爱德森国家公园法令》等，构建起管理国家公园的法律体系。其次，州政府掌握国家公园管理人员的任免权，各国家公园管理机构作为隶属于州政府的行政机构，人财物由州政府进行统一管理。再次，国家公园管理办事处作为地方政府最低一级的国家公园管理机构，主要职责有：提出并制定国家公园规划和年度计划；经营并管理国家公园及国内设施；保护国家公园内动植物；鼓励并参与科学考察和研究；宣传教育和管理旅游和疗养业。由此，各国家公园管理机构有权对国家公园的功能分区、保护和利用措施、基础设施建设等内容行使规划权，园警虽然对国家公园内违反园区规划、保护和管理规定的行为享有执法权，但多以批评教育为主，偶有处罚，多数违法案件需移交给政府执法部门处理。最后，各国家公园管理机构有权收取来自州财政、国家公园自营收入以及项目拨款等渠道的资金款项，用于各国家公园管理经费的支出，联邦政府不提供任何财政支持。[2] 由此，选择将国家公园管理权完全下放给地方政府，有利于最大限度地激发地方积极性和自主性，更能够因地制宜地

---

[1] 庄优波：《德国国家公园体制若干特点研究》，《中国园林》2014年第8期。
[2] 天恒可持续发展研究所、保尔森基金会、环球国家公园协会编著：《国家公园体制的国际经验及借鉴》，科学出版社2019年版，第185—192页。

为国家公园治理提供合适方案。

综上所述，域外国家公园央地权力的具体配置情况按照管理模式和权力来源的不同，虽然在立法权、人事权、事权和财权四类权力中存在不同程度的权力上收与下放，但都是依法进行的国家公园治理中的央地权力配置。总体而言，中央集权型和地方自治型国家公园各类权力上收和下放界限较为清晰，遵循由谁设立、归谁管理的原则，存在过于集中和分散的治理风险；而综合型国家公园的央地权力划分虽然较为复杂，但是更好地兼顾了有效发挥中央和地方积极性的要求。

第三节　域外国家公园治理央地权力配置的可比经验

考察域外国家公园法律体系中有关央地权力配置的规定，表面上看是对央地具体权力配置进行介绍，实际上是建基于各国具有差异性的自然资源权属关系，由此确认国家公园管理模式，形成合理配置央地权力实现治理效能最大化的规律性经验。合理配置国家公园治理中的央地权力作为域外国家公园法律规定的目标之一，形成的三条可比经验可为我国国家公园治理所借鉴。首先，自然资源权属作为事关国家公园治理权力走向的关联性要素，直接决定了国家公园管理模式的选择。其次，赋予中央政府更多的管理职责，将权力上收中央是符合国家公园重要地位、保证治理有效性的制度安排。最后，中央和地方政府共同治理作为域外各类国家公园的治理共识，是央地政府间权力相互制约和博弈的必然选择。

一　自然资源权属影响国家公园治理模式的选择

在国家公园视域下，有关自然资源管理权的行使主体问题可以转化为自然资源归谁所有、为谁所用，即自然资源的权属关系问题。从目前三类国家公园管理模式和自然资源权属情况来看，采取中央集权型管理模式治理的国家公园，园内自然资源所有权基本由中央政府掌握；采取自上而下和自下而上相结合的综合型管理模式治理的国家公园，园内自然资源所有权分散于中央和地方政府；采取地方自治型管理模式治理的国家公园，国内自然资源所有权多由地方政府掌握，因而国家公园管理模式与自然资源权属关系呈现出一一对应的关系，符合所有权的构成要件和行使逻辑。在国家公园的实践管理中，除了上述政府所有的公共土地之外，域外各国都存在大量自然资源,尤其是土地归个人所有的情况,但是各国基于实现国家公园保护的重要目标,对国家公园范围内的土地所有权采取了不同策略。具体来说,采取中央集权型和综合型管理模式治理的国家公园优先运用征收和协议等多种方式,旨在变私人所有为中央所有或者中央所用,从而保证中央政府对于国家公园的实际管理和控制;而余下私有土地所有者通过公众参与的多种方式实现保护和管理国家公园的目的,按照私人土地占比的高低,决定公众参与方式的直接性和程度的深入性。由此得出结论:自然资源权属关系不仅与国家公园治理央地权力配置的整体走向即国家公园管理模式的选定具有直接相关性,也成为国家公园治理央地权力配置的前提条件。为此,在充分考虑国家公园的地位、作用和实际情况等因素下,意欲选择中央集权型管理模式的国家应当尽可能地将国家公园内的自然资源收归中央政府所有,以确保中央政府能够站在全局性和整体性的角度制定具体的管理策略和实施方法;而选择地方自治型管理模式的国家也应当保证地方政府对园内自然资源的所有权,以确保地方政府独立于中央政府而拥有实际管理权。

如果说自然资源权属影响着国家公园治理中央地权力的具体配置方向,那么自然资源权属的清晰度则制约着央地权力之间的界限,乃至成为决定央地权力发挥治理效能的必要条件。域外国家公园无论是选择适用哪种管理模式,都离不开对中央政府、地方政府和私人所有的自然资源进行确权登记。因为只有通过确权登记对国家公园内各类自然资源的权属关系进行明晰,才能进一步确定管理主体和职责权限,从而避免实践中的职责交叉与管理冲突。① 具言之,只有当国家公园管理机构清楚地了解特定自然资源属于中央政府,还是地方政府,抑或公民个人时,才能实现将中央政府所有自然资源的管理权收归中央,将地方政府所有的自然资源管理权下放给地方的合理配置目标,从而确定公权力的尺度和所采取的措施,这符合法律上由所有者行使管理权的应然逻辑,也成为政府公权力配置的重要内容之一。

二 上收权力是实现高效治理的直接手段

虽然各国建立国家公园的初衷或基于树立民族自信和国家认同的重要

---

① 郭楠:《他山之石与中国道路:美中国家公园管理立法比较研究》,《干旱区资源与环境》2020 年第 8 期。

作用，或出于保护自然的基础目标，或融入文化传承和民众游憩的附加价值，但是国家公园作为保护大规模生态过程、自然资源和生态系统的大面积自然区域的定位已经成为共识。域外多数国家公园意识到由中央政府承担实现国家公园的公益性目标、维护国家公园重要生态地位的必要性，通过制定法律将保护和管理国家公园的责任赋予中央政府，并且选择中央集权型和综合型管理模式得以最大化地发挥中央政府的管理优势。

无论是以美国为首的中央集权型管理模式，还是以英国和日本为代表的综合型治理模式，抑或是德国等地方自治型管理模式，在机构设置上都形成了自上而下、由一个部门负责统筹的层层管理体制。前两种模式的统筹部门隶属于中央层面，遵循由中央专门机构到基层管理机构的路径，管理范围相应地从全国范围内所有国家公园聚焦于某个具体的国家公园。具体实施步骤是：先由中央政府统一上收国家公园内的各项权力，再由国家公园管理局代表中央政府通过行政系统内部的层层授权，将部分事权下放给基层管理机构以便于国家公园的具体管理，后由基层管理机构作为中央事权的执行者，受国家公园管理局的直接管理和监督。实行中央集权型和综合型管理的国家公园遵循中央主导的原则，只是各国原有行政体系和自然资源权属基数的不同，造成了中央集权在范围和程度上的差异性。具体来说，首先，这两种管理模式中均由中央政府掌握着国家公园的立法权。从法律的强制性和规范内容来看，法律对于国家公园内有关基本原则、保护目标、管理体制和禁止性规定等内容所做出的原则性规定，是国家公园在具体管理过程中所必须遵循的行为规范。因此，上收立法权奠定了中央对国家公园进行整体管理的基调。其次，这两种管理模式下的人事权基本掌握于中央政府，仅在实行综合型治理的国家公园中可能会出现由地方政府代表人员作为国家公园管理局组成人员的情形。人事权是实现人财物管控中最为有效的控制手段，因而将人事权集中于中央政府是实现保护国家公园目标的政治保障。再次，这两种管理模式的差异性在于地方政府是否享有国家公园的治理权力，主要体现于事权和财权的配置与划分。实行中央集权型治理的国家公园无论是包含规划权、特许经营权和执法权在内的事权，还是由国家公园管理局接收联邦政府财政拨款作为主要资金来源的财权，都交由中央政府进行统一谋划；而实行综合型治理的国家公园既掌握着规划权和审批权等事关国家公园治理的重要权力，又考虑到国家公园的实际情况，选择将部分管理权限下放给地方政府，依靠地方政府协助管理国家公园。譬如日本将地方政府的参与权扩大至国家公园规划层面；英国借助地方政府的执法力量进行园内执法，以及维护和修建园内基础设施，相应地实行综合型治理的国家公园财权的一小部分也掌握在地方政府手中。最后，实行地方自治型治理的国家公园虽然由地方政府管理，但是中央政府也可以通过立法的形式产生指引效果。因此，综观域外各国国家公园整体央地权力的配置走向和中央权力的配置范围可以得出结论：权力上收由中央政府统一行使能够在保证治理方向不偏离的前提下，最高效地实现治理目标，因此，中央政府将国家公园治理权力尤其是直接事关国家公园保护和管理的重要权力上收是主流方式，为我国国家公园治理提供了参考思路。

三 央地共治是贯彻分权原则的必然保障

国家公园治理虽然可以运用中央政府的强制执行力和高效性最大限度地保障国家公园保护和管理目标的有效实现，但这种自上而下垂直管理的硬性结构不仅灵活性较差，难以满足国家公园资源类型多样和自然禀赋不同所提出的差异化管理需求，而且国家公园管理局需要承担在人员安排和资源配置等方面带来的巨大压力。与此同时，国家公园治理虽然可以通过行使地方自治权，因地制宜地对国家公园进行适应性管理，但是各地方政府在保护法案、管理策略以及主政者个人意愿等方面均存在差别，再加上中央政府难以整体把控的事实，使得各国家公园无法形成完善统一的国家公园管理体系。[1] 正是基于对上述劣势的清晰认识，各国国家公园的治理实践在遵循各国既有央地关系和行政结构的前提下，都尽可能地采取有效措施规避风险，其中最为显著的方式就是进行中央和地方的合理分权，摆脱权力归于任何一方所带来的弊端。

央地共治并不仅仅是一个原则性概念或者口号，而是需要对央地权力进行具体划分，形成中央和地方政府的相互配合和有效衔接，促进央地权力之间达成一种最大限度的均衡、实现正和博弈。这不仅是宪法中分权原则的体现，也是我国法治建设中的关键课题。虽然不同模式下的国家公园在央地共治程度上有所差别，但是央地共治作为提高国家公园管理科学性和民主性的有效措施，已经得到广泛采纳。首先，在美国这样实行中央高

---

[1] 周武忠、徐媛媛、周之澄：《国外国家公园管理模式》，《上海交通大学学报》2014年第8期。

度集权型治理的国家公园中，虽然已经明确规定地方政府无法直接行使有关国家公园保护、规划和管理等实际权力，但颁布了相关政策鼓励地方政府和社会公众通过多种途径支持国家公园建设；其他实行中央集权型治理的国家公园更是明确了地方政府职能部门对政策落实和日常管理的辅助责任，旨在弥补中央层面信息不对称所带来的管理脱节现象。其次，实行综合型治理的国家公园作为落实央地共治的代表，一方面，将立法、规划和许可等事关国家公园保护全局和直接管控的权力收归中央，保证国家公园体系建设的完整性和协调性；另一方面，既在规划制定等决策环节考虑到地方政府的信息优势和所代表的民意诉求，又在违法处罚等末端环节凸显地方政府的执行效率。最后，实行地方自治型治理的国家公园虽然将国家公园管理权划归地方政府，但将立法权归于国家层面，有利于为各地方政府管理国家公园树立统一规范。可以说，央地共治也即权力在中央和地方政府之间合理配置是国家公园治理的大势所趋，具有理论和实践层面的双重优势，其所形成的治理合力能够服务于国家公园建设大局，成为取得良好治理效果的重要保障。

综上所述，对于我国国家公园治理而言，进行国家公园自然资源确权工作是实现国家公园国家主导管理目标的前提，通过征收、租赁、置换等方式可实现自然资源的规范流转，确保国家公园管理机构进行统一管理。在明晰中央和地方权力上收与下放的整体趋势和优劣对比的基础上，我国国家公园治理中的央地权力配置应当充分发挥中央政府对国家公园整体布局和主导管理所起到的重要作用，并且通过明确的权力界分形成央地共治优势互补的和谐局面，这是贯彻落实两个积极性原则的具体表现。

第五章

国家公园治理央地权力配置的实现路径

第一节 保障国家公园治理央地权力配置的合法性

国家公园治理央地权力配置既是现实问题，也是法治问题，为了实现二者有机统一，应当遵循现行法律合理配置央地权力以化解国家公园的治理困局。具言之，国家公园治理中的央地权力配置需要统筹考量宪法上自然资源国家所有和两个积极性原则的规定，前者既表明了政府管理权的合法来源，又论证了中央政府行使国家公园治理权力的正当性；后者深入发掘影响两个积极性发挥的结构性和功能性因素，得出生态保护领域的一般性规律。继而，将权力以法律的形式固化和呈现，既是将权力关进制度的笼子的要求，也有利于实现权力运行法治化。

一 因循自然资源国家所有的宪法要求

国家公园治理的本质是对自然资源进行使用和管理，而自然资源所有权的归属奠定了自然资源使用权和管理权的配置原则。自然资源国家所有是宪法的基本要求，上文不仅通过体系解释和目的解释将"自然资源国家所有"与"自然资源国家所有权"归为同义，而且分别从公法、私法角度解读了"自然资源国家所有权"的内涵。由此，自然资源国家所有权凭借法律拟制技术，不仅使国家可以和社会个体一样依据私法上的所有权对自然资源进行管理、控制和支配，也能够从公法角度运用暴力工具对与自然资源相联系的社会成员实施组织、管理、控制等合法权力，促使自然资源国家所有权从固有权利效力转化成权力效力。[①] 为此，必须从落实

---

① 刘卫先：《"自然资源属于国家所有"的解释迷雾及其澄清》，《政法论丛》2020年第5期。

自然资源国家所有权和限制自然资源使用权的角度规范政府管理权，从而为国家公园治理奠定坚实基础。

在国家公园治理领域落实自然资源国家所有权的重点在于既要解决所有者不到位这一共性问题，也要实现全民所有自然资源资产占主体地位、便于国家公园管理机构进行统一管理的特定要求。为此，落实自然资源国家所有权的实施路径分别为：先将"国家"这一宽泛概念具体化至国家机构，形成自然资源国家所有权主体制度；后按照国家公园建设和管理的要求，由代行自然资源所有权的国家机构按照法律规定的措施达成占主体地位的要求，从而确保后续央地权力配置的可行性。一方面，形成以自然资源部为核心的自然资源国家所有权主体制度是落实自然资源国家所有权的前提。学界对于自然资源所有权主体问题的讨论由来已久，主要形成了政府所有权说、国家所有政府代理说、国家所有人大代表政府管理说、国家所有政府代表人大监督说这几种观点。考虑到国家与政府的关系、代表与代理的差别、政府和人大的职能定位等多重因素，在自然资源国家所有的前提下，由国务院授权自然资源主管部门具体代表统一行使自然资源所有者职责是解决所有权虚置的应有之义。[①] 自2018年国务院机构改革后，自然资源部作为解决自然资源所有者不到位问题的新设立机构，定位于统一行使全民所有自然资源资产所有者职责，统一行使所有国土空间用途管制和生态保护修复职责。根据《资源产权指导意见》中由统一行使自然资源所有权的机构负责全民所有自然资源出让的相关要求，以及自然资源所有者代表国家履行出让国有自然资源使用权职责的规定，自然资源部作为自然资源国家所有的人格化主体，是代表政府行使自然资源国家所有权的合法机构。自然资源部作为中央层面的代表机构，需要自上而下明确限定地方代理主体，构建起层层授权、分级代理的自然资源国家所有权主体制度，即委托省和市两级地方政府代理行使自然资源资产所有权。运用委托代理的方式将地方政府由代表行使者转变为代理行使者，一字之差表明了地方政府不再拥有自主行使所有权的合法身份，改由地方政府自然资源管理部门行使具体代理职责。这样既改变了原先自然资源国家所有权下放给地方所带来的所有者空位现象，又有利于实现自然资源资产的整体保护和高效利用，更加便于发挥地方作为代理人的信息优势，形成保护和管理

---

① 席志国：《自然资源国家所有权属性及其实现机制——以自然资源确权登记为视角》，《中共中央党校（国家行政学院）学报》2020年第5期。

效果最佳的自然资源国家所有权制度。① 对于国家公园治理而言，鉴于国家公园的重要性、自然资源整体保护的要求以及国家公园保护实践的情况，将代理人主体限定为省一级政府。国家林草局作为自然资源部的国家局，是国家公园内代表中央政府行使全民所有自然资源所有权的主体。另一方面，实现国家公园内全民所有自然资源资产占主体地位是落实自然资源国家所有权的重要表现形式。对于国家公园的保护和管理而言，无论是前期的设立、规划和分区等，还是中期的确权、生态补偿和移民安置等，都围绕土地权属关系展开，因而实现国有土地占主体地位是最为重要的实践命题。我国土地权属分为全民所有和集体所有，即国有土地和集体土地。通过征收、赎买和置换等变更土地所有者的方式，将集体土地转化为国有土地是实现全民所有自然资源资产占主体地位最为直接和根本的方法。然而，上述传统方法的强制性以及成本的高昂性等特征难以维持大面积国家公园的管理需求，为此，各国家公园开展了以地役权为主的探索实践，以有效保护国家公园为目的，对使用权进行一定范围的限制，从而保证对国家公园内自然资源的管理。②

我国自然资源属于全民所有或者集体所有，可以说，全体人民是自然资源的所有者，当然享有自然资源使用和收益的权利。但是鉴于自然资源的稀缺性以及永续利用、多重功能属性、维持秩序和利益平衡的需要，公民的自然资源使用权必须受到生态化改造，在内容和方式上增加一定使用限制，比如采取有偿使用制度、施加保护义务、实施节约利用和集约化利用等多种途径。由此，为了达到保护自然资源、维护多数人公共利益的目标，有必要合理运用公私法手段对自然资源使用权进行必要的限制。判断限制自然资源使用权的法规范属性，应当包括双方主体身份、利益指向性质和调整方法属性，按照上述标准可以将自然资源使用权限制分为两个方面。一方面，政府作为自然资源所有者代表，通过签订补偿协议的方式限制私人财产权，与私主体形成民事权利义务关系。这种私法上的自然资源所有权限制表现为基于自愿原则和受益者补偿的要求，经过平等协商签订民事合同，由使用权人将私人财产权的一部分内容让渡给代表资源所有者

---

① 王秀卫、李静玉：《全民所有自然资源资产所有权委托代理机制初探》，《中国矿业大学学报》（社会科学版）2021 年第 3 期。
② 秦天宝：《论国家公园国有土地占主体地位的实现路径——以地役权为核心的考察》，《现代法学》2019 年第 3 期。

的公权力机关,使得私人财产权益转化成私人生态权益,实质上是将自然资源的经济价值转化为生态价值的过程。[1] 在国家公园治理实践中实施的国家公园地役权改革旨在不改变集体所有权的前提下,根据各国家公园的资源禀赋、生态特征和生计需求等不同要求灵活调整使用权限制的范围和程度,签订有针对性的地役权合同,[2] 将权利束中的部分使用权转移给地役权人(政府相关机构),通过限制开发利用的行为达到服务于国家公园建设的宗旨。[3] 另一方面,政府运用职权明确规定限制使用权的具体方式,是达到保护生态环境和自然资源职责的必要手段。政府分别从主体、行为和手段三方面入手,不仅可以通过许可制度对主体资格进行审核和批准,而且可以制定各类区域、流域和功能等不同类型的自然资源管理规划,更可以基于对公共利益的维护采用征收、征用等强制手段,按照法律规定将集体和个人财产权收归国有和国用。[4] 鉴于国家公园保护的重要性,以及在国家公园内运用政府管理权限制使用权的现象较多,我国既需要在功能分区的基础上遵守由管理规划、专项计划和年度计划等组成的国家公园规划体系,也需要规定在园区内实施生产经营活动时应取得特别许可,明确要求通过强制性的管理权,即征收、征用获得自然资源所有权或者使用权。因此公法对使用权的限制是公权干预的结果,而限制使用权的具体方式正是行使管理权的表现形式,其背后代表的是私益和公益的博弈。为了平衡二者之间的关系,在国家公园治理实践中,政府权力配置应以保护和管理国家公园为必要限度,既要维护公民个人使用自然资源获得合法经济收益的权利,也要通过行使行政权力维护公共利益——生态利益。

根据上述有关自然资源国家所有权和管理权的论述来看,国家扮演着双重角色,既要履行全民所有各类自然资源资产的所有者职责,又要运用管理权限制使用权以保证资源的合理利用,履行自然资源管理者职责。[5] 从自然资源部的职责设定以及国务院改革方案的有关说明来看,自然资源部

---

[1] 潘佳:《自然资源使用权限制的法规范属性辨析》,《政治与法律》2019年第6期。
[2] 何思源、苏杨、王大伟:《以保护地役权实现国家公园多层面空间统一管控》,《河海大学学报》(哲学社会科学版) 2020年第4期。
[3] 张晏:《国家公园内保护地役权的设立和实现——美国保护地役权制度的经验和借鉴》,《湖南师范大学社会科学学报》2020年第3期。
[4] 黄萍:《自然资源使用权制度研究》,上海社会科学院出版社2013年版,第154—163页。
[5] 邹爱华、储贻燕:《论自然资源国家所有权和自然资源国家管理权》,《湖北大学学报》(哲学社会科学版) 2017年第4期。

的主要职责包括对自然资源开发利用和保护进行监管，以及履行全民所有各类自然资源资产所有者职责。由此可见，自然资源部的职责设定决定了其直接承接国家的双重身份，但是依据"所有者和管理者相分离"的改革要求，按理应当将这两种职责交由两个政府机构分别履行。目前，生态环境部与自然资源部作为新设立的国务院组成部门，将生态环境保护职能定位于对生态环境保护的监管，即履行统一行使监管城乡各类污染排放和行政执法职责，从这个层面上来说已经在一定程度上分离了所有权和监管权。[1] 但是自然资源部的职责设置决定了其拥有所有者和管理者的双重身份，由此应当按照具体保护和管理行为的性质进行区分，将自然资源确权登记和开发利用等环节归于所有者职责，将国土空间规划、用途管制和生态修复等环节归于管理者职责。这种划分不仅符合政府所有者和管理者的功能定位，是对自然资源国家所有的进一步细化和落实，而且有益于为后续基于管理权而产生的央地权力配置树立导向。

二 顺应央地权力配置的整体逻辑

我国央地政府权力配置的多重考量基本上可以分为结构性因子和功能性因子，结构性因子主要指宪法中采取"机构性质+职权范围"的方式来构建我国权力分工体系，必须先从现有法律框架中明确国家机构的职权设计，奠定央地政府权力配置的逻辑进路和规范基础；功能性因子则指在继受利益取向、执政资源和外部环境等多重因素影响下，得出央地政府最终的权力配置倾向，构筑起央地政府权力配置的整体环境。只有在这两个层面分别厘清影响因素、摸清央地政府的行为模式，才能确保国家公园治理央地权力配置与现行结构的适配性。

我国权力配置秉持实用主义立场，综合运用职能论、过程论和属性论三种权力分工方式，分别作用于机构设置、权力制约和职权配置，正好与权力配置的机构、职能和权力三大核心要素相匹配，在总体上形成"职能定位—机构性质—具体职能—权力"的基本框架。换言之，权力配置的应然顺序为：先预设某个特定的总体目标，再设立国家机构承担衍生出的具体任务，最后授予相应权力保障职能的实现。由此，权力的初次分工在横向上决定了国家机构的性质和权力类型，而二次分工则在纵向上依据

---

[1] 王克稳：《完善我国自然资源国家所有权主体制度的思考》，《江苏行政学院学报》2019年第1期。

更为细化的职能将各类权力分配给不同层级的国家机构，进而形成一种混合的网状结构。① 权力配置的演化过程涉及"职能"和"职权"两大核心概念，职能是指机构设立所实现的具体功能；职权作为法学概念，是指国家机构针对某些事务以特定方式进行管理的法定权力，是总体权力的具体化。我国央地政府的权力配置实际上是依托机关和权力性质的概括性规定，以及职权和机构关系的列举性规定进行综合判断，实际流程是先按照性质将权力划分为立法权、行政权和司法权等基础性权力，后结合事务的具体类型进行更为细致的限定。② 可以说，我国权力配置的逻辑是以实现具体职能为目标，进而赋予国家机构相应的职权配置，因而保障权力配置合理性的方式之一就是因循政府职能转变而相应地变更权力配置。我国政府职能经历 70 多年的不断转变业已进入深化改革时期，不仅将促进政府治理能力现代化作为新目标，而且在加快"放管服"改革速度的同时，又增加和强化了生态环境保护职能，将经济和社会职能统一纳入政府职能，旨在打造服务型的有为政府。为此，政府权力应当包含经济性权力和社会性权力，其中，社会性权力又包含生态环境保护性权力，进而划分为环境保护类权力和自然资源利用类权力，并且依次逐层进行权力细化。正是由于央地政府都具有自然资源利用和生态环境保护等多项职能，才需要将经济性权力和生态环境保护性权力等在央地政府之间进行合理配置，从而明确国家机构职能、完善政府治理体系。

在明确央地政府权力配置的结构性要素基础上，必须结合各类现实因素确定资源利用和环境保护领域央地政府职能定位的整体方向，进而为后续具体类型的权力配置提供指引。首先，虽然央地政府兼具资源利用和环境保护职能，但在具体实现过程中存在优先顺序的差异性。上文已经明确指出在生态文明发展大背景下，中央政府不仅将生态保护优先的理念内化为政府职能的优先事项，而且将生态保护列为衡量政府治理能力现代化的重要标准；反观地方政府囿于地方发展和个人升迁等其他因素，依旧先选择经济和政治职能而后选择生态保护职能。为了保证我国生态保护整体改革进程的顺利推进，在配置资源和环境领域的央地权力时，第一步应当将某个领域的重要的资源利用和环境保护权力上收，避免地方政府怠于作

---

① 陈明辉：《论我国国家机构的权力分工：概念、方式及结构》，《法商研究》2020 年第 2 期。

② 陈明辉：《国家机构组织法中职权条款的设计》，《政治与法律》2020 年第 12 期。

为；第二步对于生态保护的次级重要领域，中央政府也应当保留对地方政府资源利用和环境治理行为的监督权，督促地方政府行使职权。其次，对于生态保护领域而言，不论是出于中央政府处于优势地位的权威资源和人力资源，还是以全局性和科学性为优先的信息资源，抑或基于环境系统的整体性、资源环境的流动性以及环境后果的同质化等生态治理的自身特性，都决定了中央政府需要承担更多的生态治理职能，而地方政府在信息和执法方面的长处，决定了其应当承担"最后一公里"的执行职责。为此，在央地权力配置过程中，中央政府应当更多地拥有体现谋篇布局性质的权力，例如制定与国家经济发展规划相衔接的环境保护规划权、重大流域性事务协调权、基本环境政策的制定权，而地方政府则具备中央环境政策的执行权、地方性环境事务的管理权和执法权等。最后，根据政府机构职能转变和有关央地权力的法律规定来看，无论是自上而下的机构改革，还是选择概括式和列举式并存的中央权力表达方式，都赋予了中央政府承担更多生态保护职能的相关权力和兜底责任。因此，生态保护领域应当将属于决策性、统筹性的权力上收中央，将属于执行性、具体性的权力下放地方，国家公园治理作为生态保护领域的自然延伸当然顺应上述央地权力的整体走向，并将在一定程度上强化配置效果。

三 融入国家公园法律法规体系的规范建构

我国法律都将调整权利（权力）义务关系作为文本设计的核心内容，权力配置也需要经过立法确认才能满足将国家公园建设纳入法制轨道的要求，因此，将权力配置纳入国家公园立法的前置条件是明确权力类型，这既是对生态保护领域各类突发情况进行有效治理的回应，也是依法建构研究对象的必要措施。要注意与现行法律构建的体制相衔接，以保障国家公园法律体系的逻辑自洽和结构协调。

类型化是指对具有大致相同外部特征的经验事实和社会现象，按照一定的标准进行分类而形成内在要素强弱不同、深浅不一的各种类型组成的类型体系。[①] 类型化所具有的描述性、相似性、模糊性和开放性等特征，使之具有更为强大的解释力和广泛的适用价值。类型化作为法学研究的重要工具和研究方法，有利于分析和掌控所要研究的对象，进而有益于建构

---

① ［德］卡尔·拉伦茨：《法学方法论》，陈爱娥译，商务印书馆2003年版，第347页。

研究对象。法律场域的类型化适用不仅体现于构建法学方法论的理论价值，而且更多地表现为法律适用的实践价值。比如：既可以令不确定概念和原则性条款更加清晰具体，也能够借助类型化方法辨析法律行为，将现实生活中新出现的行为通过事物内部稳定的本质属性加以类比，运用类型化方式处理后，归于现行法律规范体系之内。①根据我国国家公园治理的实践需求，已经将央地权力划分为立法权、人事权、事权和财权这四类权力，按照各类权力的概念来看，立法权、人事权和财权具有明确的指向性，拥有相对清晰的研究对象，基本可以与现有法律对央地政府的职责规定相匹配，无须借助二次类型化予以讨论。然而，事权作为央地权力配置中占有超大比重的最为重要权力，直接关系着央地政府权力配置的成败和行使的有效性。事权是指政府承担的公共职责，很显然，公共职责作为一个相对宽泛的概念，难以用某一具体权力对其进行定性。为此，按照"以事定权、权随事配"的原则，应当以政府承担的具体事项为研究基础，将政府职责进行再划分，按照内容和性质等不同标准对事权进行类型化处理，从而根据具体事项所配备权力的影响范围、受益范围、重要程度和职能分工等进行下一步央地事权配置。② 无论是国家公园还是生态保护领域，关于权力的类型化适用具有一致性。从政府生态保护职责所涉及的具体事项来看，可以根据内容和性质进行划分。一来按照政府生态保护职责的具体内容，主要分为决定有关治理事项和政策施行的决策权、关于跨地域和跨部门共同管理事项的协调权、监督和管理政府与私人有关资源利用和环境保护行为的监管权、制定有关资源利用和环境保护总体规划和实施计划的规划权、批准和审核自然资源利用行为的许可权、查处违法行为的执法权这六项主要权力。二来根据权力性质，可以将制定规划和计划、设定许可和禁止事项、批准自然资源利用方案、对违法行为的查处和追责等利用公权力管制事项归为权威型事权范围，将中央政府对地方政府的内部监督归为压力传导型事权范围，将中央政府与地方政府之间、地方政府之间、政府与公民个人之间共同参与生态保护管理事项归为合作协商型事权范围，将落实生态补偿和行政奖励的行为归为激励型事权范围。③ 上述

---

① 张斌峰、陈西茜：《试论类型化思维及其法律适用价值》，《政法论丛》2017年第3期。
② 刘超：《〈长江法〉制定中涉水事权央地划分的法理与制度》，《政法论丛》2018年第6期。
③ 刘佳奇：《论长江流域政府间事权的立法配置》，《中国人口·资源与环境》2019年第10期。

有关政府生态保护职责的归类基本适用于任何生态保护领域，在此需要作出特别说明：上述权力类型仅是基于生态保护权力项下的再次划分，而对于国家公园这一具体领域的治理权力而言，还包括经济发展和社会治理类权力。总而言之，将政府职责进行类型化处理后，自然析出了具有相似内容和性质的几类权力，有利于法律条文进行原则化处理。

从我国国家公园法律体系的推动进程来看，《国家公园法（草案）》表明了为国家公园制定专门立法已经成为既定事实，该部法律承担着集中呈现国家公园治理中配置央地权力的任务，采取"机构设置+职权配置"的既有模式将央地权力配置融入法条。遵循"谁设立，谁管理"的原则，根据全民所有自然资源资产所有权的行使主体不同，分别由中央政府和省政府设立国家公园管理机构，掌握其人财物的管理权限，实现条条管理效能的最大化。随着国家公园管理机构的级别提升，将权力上收至中央或者省政府一级充分发挥了权威、人力和信息等执政资源所占据的优势地位，有利于在面对环境系统的整体性、资源环境的流动性以及环境后果的同质化等生态治理特性时，中央或者省政府能够做出更具有全面性和科学性的决策。基于此，中央或者省级政府概括性地享有国家公园的保护和管理权，是中央政府基于功能适当原则下，处于优势地位所作出的理性选择，[①] 可以在法条中表述为：国家林业和草原主管部门负责全国国家公园的监督管理工作，省级人民政府负责本行政区域内国家公园相关工作。国家公园管理机构作为国家公园的实际管理主体，其职责分工更能够反映央地权力配置的表现形式。在国家公园治理权力经过类型化归类后，决策权、监管权、规划权、许可权和执法权等，都将涵盖于国家公园内自然资源资产管理和国土空间用途管制两大部分，形成类似"国家公园管理机构负责自然资源资产管理、生态保护修复、特许经营管理、社会参与管理、科研宣教定工作"等表述。与此同时，地方政府尤其是基层政府需要发挥信息管理优势，行使除生态保护类权力以外的经济发展和社会管理等权力，才能实现生态保护、绿色发展和民生改善相统一的国家公园高质量发展目标，体现在条文设计上，如：国家公园所在地人民政府行使本行政区域内国家公园的经济发展、社会管理、公共服务、防灾减灾、市场监管等职责。

---

① 张翔：《国家权力配置的功能适当原则——以德国法为中心》，《比较法研究》2018年第3期。

保障国家公园治理中央地权力配置的合法性不仅在于写入国家公园立法文本，也要与现行法律体系保持融通性，即与现行管理体制相衔接。国家公园选择权力上收的配置模式并不是对现行体制和制度的重大突破，而是为实现国家公园保护和管理目标做出的适应性调整，在变多头管理为统一管理的同时，应加强与现有机构的协作分工。具体而言，一是赋予由中央或者省级政府设立的国家公园管理机构统一行使权力，与依据《环境保护法》《森林法》《草原法》《野生动物保护法》《城乡规划法》《农业法》等多部法律建立起的复杂管理系统相衔接，对分散于发改、财政、国土、林业、水利、文化旅游和工商等主管部门的国家公园内生态保护职责进行集中授权。二是建立多层级的协作制度，包括但不限于国家公园部际联席会议制度、工作协调机制和工作协作机制。在中央层面，形成国务院林业草原主管部门牵头，发改、财政、生态环境等部门联合的部际联席会议制度，列明该制度所承担的完善国家公园生态修复、监测、补偿等主要职能，有利于增强制度约束性，从而区别于传统"按照各自职责配合国家公园管理机构进行国家公园保护和管理工作"的类似表述。国家公园治理整体上形成国家公园管理机构主导国家公园保护和管理，其他环境保护、林业、水利和文化等职能部门提供相应支持和保障工作的分工局面。基于此，以国家公园上收权力为主所形成的协作机制主要针对生态保护类事项，环境保护、林业、水利和文化等政府职能部门有义务按照国家公园管理机构的实际需要提供必要的智力支持和实质辅助。这种协调既有过程的参与，也有阶段的分工，包括但不限于提供资料、分享经验、承担具体工作等，这是在保障实现生态保护目标的前提下，对原有管理体制的合理优化。

总之，配置国家公园治理中央地权力的三重前提首先来自宪法在宏观层面建构的自然资源国家所有体系，只有在明确自然资源国家所有的前提下，才能为政府所有者和管理者的双重身份提供法理基础，对政府各类管理行为和生成权力进行溯源，解决权力从哪里来的问题。其次源于中观层面在两个积极性原则指引下，结合央地权力与政府职能的转化关系、影响央地政府职能配置的利益选择、资源差异和整体环境等进行纵向比较，从客观上生成央地权力配置的整体趋势，解决权力往哪里去的问题。最后归于微观层面对央地权力进行类型化，融入国家公园立法文本，原则性的法律规定有利于增加指导实践的普适性，解决权力如何保障的重要问题。

第二节　建立中央统一领导下的国家公园权力体系

我国自然资源国家所有的体制既为国家公园由国家设立和管理提供了法律依据，也为一系列权力配置提供了正当性基础。根据我国国家公园要具有国家代表性和管理可行性的政策要求，以及地方国家公园体制建构现状，虽然我国存在中央直管和省政府代管这两种模式选择，但只是根据全民所有自然资源资产所有权行使主体不同而产生的差异，在国家公园国家所有的基本定位下，由省政府代行中央事权。国务院林业草原主管部门的职责定位仍是维护中央对国家公园实施统一领导，促进中央积极性的具体表现，也是确保国家公园治理效果的应然选择。接下来对立法权、人事权、事权和财权这四大类权力进行分别讨论，根据政策要求和治理效果等多重因素进行综合考量，明确权力上收的类型和方式是将宪法原则贯彻至国家公园治理的法治路径。

一　明确国家公园中央立法权和人事权

由中央统一行使国家公园立法权是基于反思地方立法实际效果和中央行使立法权理论优势，对试点期间地方行使立法权的一种纠偏。通过发挥中央立法优势能够补足地方缺陷、防止地方立法权过度扩容，是促进国家公园治理中央积极性的一种理性回归，也是解决国家公园治理缺乏上位法依据的最佳对策。由中央行使国家公园立法权是发挥中央作为立法主体积极性的表现形式，根据我国维护中央统一领导的原则，针对国家公园进行中央统一立法，既是维护我国国家公园法制统一、保证各国家公园适用规则相一致的方式，也是按照法律和政策要求由中央对全国性事务制定法律的制度回应。[1] 具言之，由中央和省级政府依照管理模式掌握人事权，既打破了地方保护主义对国家公园管理机构产生的俘获困境，又在一定程度上提高了国家公园管理层级，增强了国家公园管理机构推动国家公园建设的权威性。虽然，各国家公园所在地的省级人大及其常委会享有国家公园立法权符合现行法律规定，但是，地方立法内容以执行上位法或者结合地方管理实际便于法律施行为限制条件。目前我国各省制定的国家公园管理

---

[1]　任广浩：《当代中国国家权力纵向配置问题研究》，中国政法大学出版社2012年版，第144页。

条例不仅涉嫌重复立法、浪费立法资源，而且为各国家公园管理各行其是、难以进行跨界协调埋下了伏笔。

在对比地方行使国家公园立法权缺陷以及参考域外成功治理经验的基础上，由中央行使立法权的优势和路径显而易见。首先，在中央层面行使国家公园立法权的直接产物是"国家公园法"，其立法对象是全国范围内的所有国家公园，自然应当涵盖有关国家公园的功能定位、保护目标、管理体制、设立标准、资金筹措和公众参与等具有基础性和框架性特征的共性内容。"国家公园法"作为全国性法律在内容设置上所具有的原则性特征符合我国宜粗不宜细的法律建构传统，既具有为国家公园体制建设和各地方国家公园管理提供法律依据和规范指引的功能，也直接规避了地方"一园一法"所造成的资源浪费风险。[1] 通过中央立法的权威性，明确国家公园治理的整体要求和基本方向，回应地方立法无法解决的问题，包括但不限于：清晰界定自然资源资产产权制度、国家层面确定事权划分规则、界分自然资源调查监测和生物多样性保护职责等。其次，国家公园立法的实质是以国家公园治理权力配置为核心，构建符合国家公园特征的法律制度体系，主要涉及有关基本原则和规范路径等重点内容。依托中央立法技术所具备的科学性和严谨性，突出行使中央立法权对于国家公园保护重要性和政治地位的宣誓作用，通过条文设计在设立、管理、评估、监督等环节，以及生态保护、自然教育、科学研究等领域实现权力合理配置。比如，国家公园由国家批准设立、国家公园管理机构负责生态保护修复工作和总体规划由国务院林草主管部门会同国家公园所在地人民政府编制等条文设置，虽然分布于总则部分的基本规定、机构职责和具体制度等不同部分，但核心都是设立权、规划权以及生态保护类权力等配置问题，可以说中央立法权能够从根本上保障国家公园治理思路和权力配置基调的正确性。再次，面对国家公园跨省界、市界等现实问题，在统一保护和管理尺度的要求下，区域协同立法和由中央立法规定基本原则是可供选择的两条路径。目前，我国生态环境保护领域的区域协同立法主要有地方协商式全过程立法、地方互补式立法和地方征求意见式立法三种模式。第一种是在地方性法规起草阶段充分协商，同时出台内容相同的立法文件；第二种是由各地协商，分别出台包含"统一条款"在内的立法文件；第三种是就

---

[1] 秦天宝、刘彤彤：《国家公园立法中"一园一法"模式之迷思与化解》，《中国地质大学学报》（社会科学版）2019年第6期。

协同立法事项向其他立法机关征求意见。① 这三种模式的协同程度由强到弱、依次递减，适用频率却是由低到高，主要原因在于能够在实质层面实现区域协同立法的条件较难满足。这些条件包括：一是在社会治理层面已经形成协同发展的基础和经验，比如京津冀、长三角等；② 二是关于具体生态环境保护问题产生共同诉求；三是各区域立法水平较高且相对均衡等。因此，虽然由地方主导进行生态保护区域协同立法已有初步实践，但是多数停留在立法机构和负责人的工作协同机制上，尚未进入全面协同立法的层面。在上述整体大环境下，考虑到跨区域国家公园所在地的经济和立法水平等多种因素，现阶段国家公园尚不具备制定实质性区域协同立法的条件。因此，相较于地方立法难以突破行政区域、摆脱地方利益等桎梏，由中央立法构建协调机制专门解决国家公园跨界管理的问题，在内容上设置关于管辖协调、职责协同、协作规模、协作方式等体系化的规定，并且建立起稳定的联合执法长效机制、信息共享系统和应急联动工作机制，不仅具有超越地方治理的整体性视角，解决国家公园跨区域治理的一般性问题，而且更易为地方执行和遵守。最后，从域外国家公园管理的经验来看，由中央行使立法权已经成为一条国际惯例。无论选择建立何种管理模式的国家公园，都认可了中央行使立法权的必要性。我国由中央行使国家公园立法权是对国际有益经验的合理吸收，是我国融入全球国家公园体系建设的明智选择。因而在分析中央立法权所具有的站位高、视角全、影响远和效果好等诸多优势的同时，也基本完成了中央行使立法权的建构，即由全国人大常委会代表中央行使立法权，制定和通过适用于所有国家公园的综合性基本法——"国家公园法"，在内容设置上既要归纳共性内容，对有关国家公园治理的基本问题予以明确，也要对地方立法无法涉及的具体内容进行统一谋划。

明确由中央行使人事权既是落实中央政府行使人事权的法律规定，也是改变地方主导国家公园人事权现象、顺应国家公园国家所有这一要求的最直接手段。国家公园管理人员作为执行国家公园管理政策、行使国家公园治理权力的主体，直接影响国家公园的治理效果。人事权是能够有效制约国家公园管理人员行为的最具决定性意义的政治性权力，上收国家公园人事权有利于确保在央地利益产生不一致时，国家公园管理机构所维护和

---

① 程庆栋：《区域协同立法层级关系困境的疏解》，《法学》2022年第10期。
② 朱最新：《区域协同立法的运行模式与制度保障》，《政法论丛》2022年第4期。

代表的利益能够与中央利益相一致。[①] 为此，对于国家公园人事权将在纵向层面分两步进行配置。第一步，国务院自然资源主管部门和国家公园管理局属于第一层纵向关系，从机构设置来看，国家公园管理局是自然资源部下属的国家局，从职权配置来看，加挂国家公园管理局牌子的国家林草局负责全国国家公园的监督管理，因此，国家公园管理局领导人员的人事任免权应当交由主管部门，也就是由国务院行使人事任免权。第二步，国家公园管理机构之间存在第二层纵向关系，国家公园分为中央直管和委托省政府管理的两类国家公园，基于"谁设立、对谁负责"的原则，对于由中央人民政府直接行使全民所有自然资源资产所有权的国家公园，由国家设立国家公园管理机构。国家公园管理局作为负责全国国家公园保护和管理的中央机构，有权代表中央对各国家公园管理机构负责人进行考核和任免，由此，在纵向上形成人事任免权上收中央的态势，以保证国家公园管理机构能够遵循中央治理国家公园的相关政策。对于一般的行政管理人员应当以便于管理为准则，由机构负责人依据我国《公务员法》所设置的选拔和考核机制予以选定。鉴于我国各国家公园管理机构基本是由原来自然保护区管理机构合并转隶而来的事实，应当参照域外经验保留和吸收部分由地方政府选派的管理人员，这样既能减轻中央政府直接任免的管理负担，也有利于提高国家公园管理机构对日常管理工作的熟练度。

二 细化国家公园中央事权

目前，明确国家公园中央事权作为我国国家公园治理中最为重要的准则，已经成为实现国家公园体制改革最为直接的手段，其作为落实宪法对于中央政府职责规定的主要权力载体，能够最大限度地避免地方政府对国家公园治理的干预和俘获。然而，国家公园治理现状中突出的执行偏差和多头管理问题均与国家公园治理中的央地事权配置不明直接相关。由此，鉴于事权的复杂性和发挥中央作为国家公园治理核心动力的积极性，细化国家公园中央事权成为合理配置国家公园治理央地权力中最为重要且最具挑战性的内容。借助上文对中央政府的职责定位、资源优势、政策要求和事权类型化等因素进行综合性分析，在综合普适性和特殊性的基础上，归纳国家公园中央事权的范围和对象是解决国家公园治理效能不足、效果不

[①] 姜峰：《央地关系视角下的司法改革：动力与挑战》，《中国法学》2016年第4期。

佳问题的关键，也可通过明晰责权实现良法善治的局面。

首先，将重大事项决策权归于国家公园中央事权的范围，有利于保障国家公园整体方向的正确性。国家公园重大事项的界定应当以影响范围和程度为标准。具体来说，一是适用于全国范围内的所有国家公园，国家公园建设虽然在我国自然保护地体系建设中走在前列，并且国家公园立法工作也在如火如荼地快速推进，但是由于法律的滞后性和原则性特征，在未来很长一段时间内，我们仍然需要依靠发布政策的方式，关注国家公园建设的现状、方案和目标等宏观内容。这种针对国家治理热点制定政策的行为正是中央行使重大事项决策权的外在形式，虽属于宪法对中央政府职责的规定，但是相比之下更具有鲜明度和灵活性。决策权配置作为政策制定领域的核心内容之一，根据流程和知识基础，大致可以划分为议程设置权、目标设定权、问题界定权和方案规划权。[1] 具体到国家公园治理领域而言，应当由中央有权机关（如中央办公厅、国务院办公厅等）根据国家公园建设过程中所面临的问题，实时调整和决定有关国家公园保护和管理的目标、原则和体制机制等具有根本性和普适性的内容，按照法定程序发布政策性文件，以便不断适应国家公园的管理需求。二是事关具体国家公园保护和管理中的核心事项，这主要体现在各国家公园的顶层设计中，比如总体规划和具有重大意义项目的审批权。一方面，国家公园总体规划是针对具体国家公园的整体性、概括性安排，作为指导国家公园建设的纲领性文件，旨在协调严格保护和科学利用之间的关系。鉴于总体规划之于各国家公园的重要性，应当经过合法程序使之成为具有法律约束力的规范性文件，由中央有权机关（例如国家发改委或者国家林草局等）决定是否予以审议通过。这既与国家公园总体规划的地位相当，也可以从国家公园的规划全局对单个总体规划内容做最后审查。另一方面，我国已经按照整体保护的要求成立了首批具有代表性的国家公园，每个国家公园均对我国生态保护事业具有重要作用，若是基于保护和管理需要对具体国家公园进行项目建设，必须由中央相关部门结合项目实施的必要性和影响度决定该项目是否能够在严格保护的国家公园内实施建设。

其次，将总体规划权归于国家公园中央事权的范围，既有利于保障国家公园规划与其他规划的协调性，也有助于提升常规保护与管理工作的合

---

[1] 王礼鑫：《公共政策的知识基础与决策权配置》，《中国行政管理》2018年第4期。

理性。由中央行使规划权是指由代表中央政府的不同有权机关制定出不同类别的具体规划，形成分工明确、层次分明的国家公园规划体系。国家公园规划体系分为国家和单个国家公园两个层面。一方面，国家层面的国家公园总体规划具有与国家社会经济发展规划、国土空间规划和自然保护地规划等相衔接的需求。国家公园作为保护最严格的自然生态空间，既要基于国家安全格局和生态地理区划成果，将国家公园规划纳入国土空间规划；也要通过明确国家公园发展目标、空间布局、阶段任务和重点项目等内容，使之与经济社会发展目标与任务相适应。① 由此，基于国家公园总体规划的对接要求，承担的落实山水林田湖草系统保护的任务，以及统筹保护与利用关系的责任等考量，② 只有由中央政府相关主管部门（国家林草局）会同国务院有关部门（如国家发改委等）站在国家层面统一行使规划权，才能对国家公园保护和管理的目标任务、分区管控要求、监测监管、保护修复、社会发展和公共服务等事关全国国家公园建设的基本内容进行统一规定，这是确保国家公园建设基本方向的应然选择。另一方面，在国家公园总体规划的指引下，还需要通过制定国家公园专项规划和管理计划等，以满足国家公园差异化管理的现实需求。国家公园专项规划作为对生态修复、基础设施建设、监测、教育和科研等某一具体领域的细化，是制定特定领域相关政策的依据；而管理计划作为开展和协调国家公园内保护和管理活动最为直接的保障性文件，是规范行为的基础。③ 这里需要根据国家公园管理模式进行区分，对于中央直接管理的国家公园，仍由国家公园管理机构代行中央事权对国家公园具体事项行使规划权，作为国家公园日常保护和管理的重要依据。只有将总体规划制定权交由中央行使，由上级部门予以批准，才能从源头上保证作为国家公园行动指南的总体规划能够符合建设目标，与上文所说的决策权形成无缝衔接。

再次，将监管权归于国家公园中央事权的范围，有利于中央对各国家公园的管理情况进行监督，确保各国家公园保护和管理工作的合法性与合理性。我国对环境监管权的规定，采取的是概括性一般授权的形式，即原则性地授予行政机关对于环境保护工作实施监管的权力和职责，并未对监

---

① 唐小平：《国家公园规划制度功能定位与空间属性》，《生物多样性》2020年第10期。
② 陈战是、于涵、孙铁等：《生态文明视野下自然保护地规划的研究与思考》，《中国园林》2020年第11期。
③ 唐小平、张云毅、梁兵宽等：《中国国家公园规划体系构建研究》，《北京林业大学学报》（社会科学版）2019年第1期。

管目标、范围和边界做出规定。换言之，政府行使的一切有关环境保护工作的权力都来源于监管权，监管权既指法律规范必须得到执行的执法权，也指代通过落实监管目标、实施监管手段落实国家环境监管政策的整体过程。① 我国通常采用命令与控制手段实施监管权，主要通过制定禁止或者限制性规范、设定环境许可和审批、进行监督检查以及行政处罚等，形成事前、事中、事后的全过程监管。② 具体到国家公园治理领域而言，通过将标准规范和技术规程、禁止和义务性规范、自然资源确权、监测评价、跨区域协调联动执法等内容纳入国家公园监管权的范围并上收中央，才能确保国家公园内生物多样性保护、生态修复、森林防火、外来物种入侵清除等日常保护管理事项得以有序推行。第一，国家公园保护和管理过程中需要依靠标准化手段实现建设与管理的规范化和统一化，细化相关法律法规有益于增加可操作性的执行优势。这里主要由自然资源部和生态环境部代表中央，分别针对国家公园内自然资源和生态环境组织和制定对应标准和技术规范，预先对国家公园管理设定基本架构。我国依据设立、建设、管理和运营的全过程形成了分类合理、层次清晰和兼容协调的国家公园标准体系，即基础标准、技术标准（规划设计类、保护修复类、科研监测类和教育体验类）、管理标准（管理类和评估类）和建设标准（工程项目类和技术规范类）这四大类，③ 基本囊括了国家公园日常保护和管理的全部事项，有利于推动建立科学规范高效的国家公园体制。第二，将国家公园内自然资源确权纳入中央事权，是自然资源部统一行使国土空间用途管制职责的组成部分。对国家公园内自然资源进行使用和管理需要明确自然资源的权属，先由国家公园管理机构协助国家不动产登记部门进行确权登记和权籍调查，若在实践中出于国家公园保护和管理的目标，再由具体国家公园管理机构灵活选择征收、租赁、置换和地役权等方式进行流转。第三，由中央对国家公园实施全面监测和评价，是中央实施规划权、决策权和执法权的信息来源。建立大面积全覆盖的天地空一体化监测和评估体系不仅为政府判断国家公园空间布局是否合理、空间资源配置是否充分提供全面数据支撑，而且满足了公众了解国家公园生态环境和自然资源状况、

---

① 曹炜：《环境监管中的"规范执行偏离效应"研究》，《中国法学》2018年第6期。
② 张宝：《生态环境损害政府索赔权与监管权的适用关系辨析》，《法学论坛》2017年第3期。
③ 陈君帜、倪建伟、唐小平等：《中国国家公园标准体系构建研究》，《林业资源管理》2019年第6期。

参与国家公园治理、监督政府行为的权利诉求。按照自然资源部和生态环境部的职责规定,以及《自然保护地生态环境监管工作暂行办法》的精神,生态环境部有权建立国家公园生态环境监测和评估制度,对国家公园实行环境监测和成效评估,并将结果抄送国家公园主管部门。相应地自然资源部作为国家公园的主管部门,也有权对自然资源的利用情况实施监测和评估,结合生态环境部的抄送结果,为国家公园管理局的工作部署提供基础。第四,由中央相关部门对各国家公园行使监督权,是行政系统实行自上而下内部监督的应然选择。按照自然保护地领域生态环境保护与自然资源利用相分离的监管趋势,在中央层面已经明确由生态环境部负责对国家公园内生态环境保护的实施情况,国家公园的设立、晋(降)级、调整、整合和退出以及各国家公园管理机构等行使监督权;自然资源部作为主管部门应当对国家公园内有关自然资源保护和利用等相关情况拥有总括性的监督权。第五,执法权上收中央既顺应当下生态环境领域综合执法的要求,也符合国家公园中央管理的特殊性。我国纵向执法权遵循事务影响范围与行使监督权的选民范围相一致、事务重要程度与权力行使者级别相匹配、辅助性和正当法律程序这四大基本原则。[①] 由此,国家公园的国家代表性和管理可行性足以证明其影响范围和重要程度,由中央行使执法权,才能够获得足够权力对国家公园内的违法事项进行查处和处罚。按照国家林草局的"三定方案",国家林草局有权行使自然保护地中的行政执法权,但随着生态环境保护综合行政执法的推行,国家林草局已经将"对在自然保护地内非法开矿、修路、筑坝、建设造成生态破坏的行为进行行政处罚"的权力移交给生态环境部门。[②] 按照国家公园在自然保护地体系中的重要级别,上述国家公园内的生态环境综合行政执法权应当由生态环境部作为第一责任人负责执行。除了上述执法事项外,国家公园内的其他执法权依旧交由森林公安,虽然在"警归警,政归政"的原则下,森林公安已经整体转隶给公安部,但是森林公安仍在业务上受国家林草局管理且职能不变,因而仍由森林公安行使国家公园内的执法权。

最后,将部分特许经营权归于中央事权,有利于实现保护前提下的合

[①] 肖泽晟:《论遏制公共资源流失的执法保障机制——以公共资源收益权和行政执法权的纵向配置为视角》,《法商研究》2014年第5期。

[②] 《国家林业和草原局办公室关于做好林草行政执法与生态环境保护综合行政执法衔接的通知》,办发字〔2020〕26号,2020年4月10日发布。

理利用。国家公园实施特许经营是为了支持国家公园的建设和管理目标，以及发挥科研、教育和游憩的综合功能，由政府经过竞争程序优选受许人，依法授权开展设定期限、性质、范围和数量的非资源消耗性经营活动，并向政府缴纳特许经营费的过程。[1] 由于国家公园是一种公共资源，为了保障一般使用者能够合理享有国家公园内自然资源所具有的公共利益，避免特许经营者的行为违背保护优先原则，进而导致损害他人合法利益的情形，必须对特许经营者的经营自主权实施源自公法或者公共资源管理政策的必要限制，明确特许利益享有者应当承担的特别义务。[2] 这里需要归于中央事权的特许经营权包括两类：一是中央直管国家公园内的特许经营权。国家公园管理机构作为由中央政府设立的有权机关，是代行中央事权对国家公园实行保护和管理的直接主体，有权对经营规模较小、营业额较少、影响较低的特许经营项目行使管理权，并对特许经营规模、经营质量、价格水平等内容进行实时监督管理，若发现特许经营者未按照合同约定的注意义务履行生态保护职责，则应当终止特许经营合同，要求经营者承担相应责任。这既与国际上由国家公园主管机构对国家公园内特许经营项目行使管理职能，拥有订约权相一致；[3] 也有助于从整体上严格控制国家公园内经营服务类项目的数量和类别，防止重走风景名胜区的老路。二是委托省政府管理国家公园的重大项目特许经营权。国家公园管理局作为监管全国国家公园的有权主体，应当从全局角度掌握国家公园生态保护和资源利用的平衡点。在部分国家公园交由省政府管理的背景下，国家公园管理局应当以特许经营项目为抓手，结合由国家林草局制定的特许经营具体办法，将属于重大项目的特许经营权上收中央，是保证国家林草局能够实现有效监管的重要措施。

三　扩大国家公园中央财权的覆盖范围

财政是国家治理的基础，事关国家治理体系和治理能力的现代化水平，同样国家公园治理下的财政问题直接关乎国家公园的治理效果。上文已经提到本书所说的财权更多的是指政府占有、支配和使用资金的权力，

---

[1] 张海霞：《中国国家公园特许经营机制研究》，中国环境出版出版集团2018年版，第6页。

[2] 肖泽晟：《公共资源特许利益的限制与保护——以燃气公用事业特许经营权为例》，《行政法学研究》2018年第2期。

[3] 吴承照、陈涵子：《中国国家公园特许制度的框架建构》，《中国园林》2019年第8期。

结合中央文件的表述和法治语境进行解读，这里财权的"权"已经从权力扩展至具有宪法和法律依据的政府职权，可以说与本书讨论的国家公园治理下中央政府的财权更为契合。合理划分央地财权事关政府提供公共服务的执政能力和施政效率，在清晰划分央地事权的基础上，必须首先形成事权划分改革与财力保障机制的良性匹配关系，这是实现公共资源优化配置的前提。鉴于中央主导财政在维护中央权威方面的作用，以及国家结构和经济社会发展的实际需求，扩大和明确中央财权的范围有利于提升中央政府宏观调控的积极性，是我国处理央地财政关系的基本原则。[①] 为此，我国应保持合理的财力集中度，只有稳定中央财政的收入比重才能保证中央有能力履行支出责任，并且通过适度提高中央直接行政比重和中央转移支付的比重等具体方式予以落实。[②]

从我国 2016 年的《财政事权指导意见》、2017 年的《总体方案》，以及 2020 年的《自然资源财政事权指导意见》《生态环境财政事权指导意见》这四份重要文件的内容来看，国家公园应当纳入中央适当加强在生态环境保护、自然资源保护和利用领域财政事权的范围，并且指明哪些事项应当属于中央财政事权的范围，由中央承担支出责任。由此可知，明确和加大中央财政事权对国家公园的支持力度并扩大中央财政事权的覆盖范围既是整体趋势，也是保障国家公园保护和管理效果的物质基础。遵循上述四份政策的基本脉络，2022 年 10 月出台的《关于推进国家公园建设若干财政政策的意见》成为确立国家公园中央财政事权的最新文件，该文件不仅列举了国家公园基本建设、保护和管理事项，而且区分了国家公园管理模式，相较之前的中央财政事权划分更为细致。该份文件在明确财政支持重点方向的基础上，要求建立财政支持政策体系，明确了合理划分国家公园中央与地方财政事权和支出责任的标准，即中央财政事权的范围。这里可以将中央财政事权分为三个层级，支出责任承担范围依次缩小：一是全部由中央政府承担支出责任，即中央政府直接行使全民所有自然资源资产所有权的国家公园管理机构运行和基本建设；二是由中央财政承担主要支出责任，即中央政府直接行使全民所有自然资源资产所有权的国家公

---

① 王桦宇：《论财税体制改革的"两个积极性"——以财政事权与支出责任划分的政制经验为例》，《法学》2017 年第 11 期。

② 王浦劬：《中央与地方事权划分的国别经验及其启示——基于六个国家经验的分析》，《政治学研究》2016 年第 5 期。

园生态保护修复；三是由中央财政承担部分支出责任，即中央政府委托省级政府代理行使全民所有自然资源资产所有权的国家公园生态保护修复和基本建设。基于此，本书以最新文件精神为核心，以自然资源和生态环境领域的具体事项为对象，在事权、支出责任和财力相适应的原则下，结合上文国家公园中央事权的体系建构，进一步释明中央财政事权的支出责任范围。

首先，全国国家公园都应当归属中央财政事权的事项，主要有国家公园的面积、范围、分区和名称等创建事项，各类国家公园标准和管理办法的制定，国家公园的监测事项，国家公园执法监督等。创建国家公园归于中央财政事权不仅是国家公园由国家批准设立的象征，也是考虑到前期对于生态红线、永久基本农田、城镇开发边界、资源环境承载力和空间开发适宜性等多方面因素进行大量调查和评估的需要。而国家公园设立、分区、建设、管理、服务等标准和技术规范，比如国家公园创建和设立工作、规划编制、游憩体验、特许经营、志愿服务等各种具体办法和生态补偿等各类标准，都需要在国家层面出台统一规定，以便于各国家公园在实践中参照执行，理应划为中央财政事权范围。与此同时，监测和执法监督纳入中央财政事权范围的原因在于国家公园内自然资源和生态环境的监测需要依靠庞大的监测网络和硬件设施，并且为了避免形成地方对于监测数据的俘获困境，需要依靠中央财政予以建设和维护。而执法监督是国务院林业草原主管部门对全国国家公园实行监督管理的重要组成内容，这种自上而下的监督需要通过中央财权确保执法的有序推行。其次，在中央政府直接管理的国家公园，国家公园管理机构运行和基本建设、生态保护修复应当划归为中央财政事权范围。从管理模式可以看出，受中央政府直接管理的国家公园，其人财物相应地由设立机关即中央政府统一配置和承担。这里交由中央财政事权的重要事项包括以下内容：一是包括国家公园管理机构人员的薪资待遇和维持机构日常运行的费用；二是自然资源资产管理，包括本底数据调查、资源确权登记和考核评价等产生的费用；三是保护科研和科普宣教，构建技术监测平台、建设观测站点，建设完善必要的自然教育基地及科普宣教和生态体验设施的费用；四是生态保护修复费用，虽然文件中提出由中央财政承担主要支出责任，但是应当结合生态保护修复的具体事项进行更为明确的划分。生态保护修复主要涉及开展自然资源管护和受损生态系统修复，包括建设栖息地、生态廊道，推进森林草原防火、有害生物防治及野生动物疫源疫病防控体系建设以及提升野外巡护能力，严厉打击违法违规行为。对于构建栖息地、生态廊道等设施的费用，以及为建立防控体系产生的灾害预警网络的建设和维护资金、灾害综合治理费用等需要长期投入的支出应当由中央财政承担，而打击违法违规等行为需要和地方加强执法联动的事项，可以作为央地共同事权范围。最后，在中央政府委托省政府管理的国家公园，结合上述已经明确的国家公园生态保护修复和基本建设的具体指向，中央财政可以在监测平台、观测站点、栖息地、生态廊道等大型设施建设项目中给予支持。这里所说的中央财政事权和支出责任都源于中央财政拨款，理应由代表中央的国家公园管理局和各国家公园管理机构获得相关收入。除此之外，对于国家公园多元资金保障机制而言，国家公园资金还有社会捐赠和国家公园自身收入（如特许经营费用等）两条途径，这些收入都应当与财政拨款一道由国家公园管理局和各国家公园管理机构拥有，统一运用至上述国家公园保护和管理事项，从而丰富了国家公园中央财权的内容。

综上，以维护国家公园国家管理为核心，以实现国家公园保护和管理效能最优化为目标，以现行立法和行政结构的适配性以及中央政府机构设置和职能配置为标准，对国家公园内中央立法权、人事权、事权和财权的对象和范围进行明确厘定。中央政府既通过立法权和人事权保障对国家公园建设的统一领导，也通过上收国家公园保护和管理类事项事权和财权的方式，落实国家公园生态保护优先原则，从而建构起的国家公园中央权力体系不仅最大限度地激发了中央积极性，而且破解了国家公园治理中央地权力配置不清、不合理的局面。

第三节　维系国家公园央地共治的合理途径

无论基于地方积极性和主动性的原则，还是国家公园治理的实际需求，厘清国家公园中央权力配置是国家公园治理的第一步，而明确地方权力、形成央地共治的良性互动关系，形成激发中央和地方两个积极性的体制机制是达到国家公园预期治理效果和体制改革目标的关键。为此，需要从实质内容、衔接机制和保障方式三个方面予以完善，即先明确地方权力配置的范围和对象，再完善中央和地方权力在国家公园保护和管理中的配合关系，后以法治形式推进和巩固央地权力关系。

一 赋予地方政府治理国家公园的实际权力

虽然在国家公园治理的整体布局中，中央政府在立法权、人事权、事权和财权方面处于强势地位，但是赋予地方政府在国家公园治理中合理的权力具有双重目的。第一重目的，赋予地方权力符合我国实施央地分权、激发央地两个积极性的法治要求。在我国国家治理的央地格局中，中央权威侧重于政策宣示性、思想引导性和原则指引性等宏观层面，而地方则肩负实际管理性责任，这既是规避中央过分上收权力的统治风险，也是激发地方积极性的所在。第二重目的是回应地方经济发展的实际需求和资源禀赋迥异的现实状况，实行差异化管理。各地自然地理条件和经济基础等一系列客观条件都决定了因地制宜的重要性，由地方政府行使权力才是最能彰显管理效能的选择。[①] 因而国家公园采取中央直管和委托省政府管理两种管理模式，并且即使在中央直管的国家公园也必须依靠地方政府进行属地管理，发挥地方政府在民生保障和经济发展等方面所具有的优势，即地方政府需要履行经济发展、社会管理、公共服务、防灾减灾、市场监管等协调和支持方面的职责。因而国家公园治理中的地方权力配置在中央权力配置的框架之下，以国家公园政策体系为主要遵循，以权责利相统一为基本原则，以管理效能最大化为实质标准。

首先，国家公园所在地的省级人大及其常委会有权针对具体国家公园制定"国家公园法"实施细则，是地方行使立法权的表现。立法权配置关乎以事权和财权为核心的国家治权分配，也关乎不同层级和内容的各方利益表达，可以说，赋予地方立法权是维护地方利益诉求、具有内在动因、符合现实走向和规范效果的应有之义。[②] "国家公园法"作为全国性法律，在内容设置上往往只能采取原则性规定以保证法律的普遍性和稳定性，但是鉴于国家公园保护对象和管理需求的差异性，需要在"国家公园法"的基础上进行细化和补充。这不仅有利于对法律基本概念和主要内容进行全面掌握和准确理解，而且有助于通过拾遗补阙达到法律具备可操作性和实效性的目标。在地方立法权扩容的时代背景下，为了避免陷入试点期间地方重复立法的困境，需要贯彻"谨慎放权"原则，以地方具体情况和实际需要为基础，以执行上位法为目的，以不抵触上位法为原

[①] 卓轶群：《地方立法权扩容的困局与优化》，《江西社会科学》2020年第9期。
[②] 周尚君、郭晓雨：《制度竞争视角下的地方立法权扩容》，《法学》2015年第11期。

则，以法律规定的赋权和报批为程序，从而控制地方立法权的行使。① 该原则同样约束国家公园地方立法行为，即只有当"国家公园法"中某些内容存在不够详尽、不尽明确的原则性规定，并且出现不足以解决国家公园差异化管理的现象时，才需要有针对性地补充、阐释和细化，以落实"国家公园法"对具体国家公园保护和管理的规范作用。因而实施细则在内容上应当针对资源特点鲜明、保护和管理特殊性强的国家公园制定"小而精"的地方实施性立法，比如针对钱江源国家公园林木资源进行特殊保护的需求，相应地在实施细则中规定林权改革，主要对集体林地的地役权改革、商品林的赎买制度，以及核心区的集体林地征收和置换方案等内容展开具体制度设计。② 除此之外，由于国家公园采取两种管理模式，因而中央政府与省级政府在各自设立的国家公园内所具有的人事权在内容上具有高度相似性，在此仅作概括性说明。由中央政府委托省级人民政府管理的国家公园，由省政府设立国家公园管理机构，并且任免国家公园管理机构主要负责人。

其次，国家公园地方事权包含两大类：第一类是指在由中央政府委托省级人民政府管理的国家公园内，地方政府承担的国家公园保护和管理等职责；第二类是指在全国国家公园内，地方政府承担的经济发展和社会服务等职责。具体而言，一方面，由于国家公园管理机构的职责相同，因而本行政区域内的保护类地方事权类型具有一致性，在此仅列举省级政府所拥有的与国家公园相关的地方事权，主要有批准本行政区域内地方级自然保护地的处置方案、批准专项规划等地方事项决定权，以及勘界等管理权。另一方面，明确国家公园所在地的地方政府负有维护国家公园经济发展和民生保障事项的职责，并且授予其管理相关事项的权力，是通过合理权力配置为地方政府行为提供理性预期的有效措施。只有将地方政府行为置于更为明确、规范的程序规则之中，才能确保服务于民众、地方和国家利益为一体的管理宗旨。为此，地方政府的权力边界应当按照法律规定、市场经济的发展态势、社会发展的客观规律三项原则衍生出权力边界的规

---

① 郑毅：《"谨慎放权"意图与设区的市地方性法规制定权实施——基于〈宪法〉第 100 条第 2 款的考察》，《当代法学》2019 年第 3 期。
② 秦天宝、刘彤彤：《国家公园立法中"一园一法"模式之迷思与化解》，《中国地质大学学报》（社会科学版）2019 年第 6 期。

范性指标、利益性指标和权利性指标,① 依次将这三项指标运用至国家公园治理地方政府权力配置中。

第一,国家公园治理中的地方政府权力应当遵循规范性文件的刚性规定,既包括《宪法》和《地方各级人民代表大会和地方各级人民政府组织法》规定的地方政府在本行政区域内所负有的经济、教育、环境和资源保护、城乡建设事业和财政、民政、监察等行政管理职责,也包含顶层设计中要求地方政府履行的经济社会发展综合协调、公共服务、社会管理和市场监管等方面的职责。我国现行法律法规对于地方政府权力采取的是一种总括式规定。再依据国家公园保护的特殊性和管理分工,将地方政府在国家公园内的职责进行重点限缩。第二,地方政府作为理性经济人在地方利益和国家利益的选择中,必然先以满足地方利益为行动目标,其中又按照经济和政治利益优先,生态利益次之的顺序排列。由此,在国家公园治理中,将国家公园周边有关特色小镇、生态产品、旅游、文化产业等经济发展和市场监管类事项划归地方政府的权力范围契合地方政府的管理倾向。第三,地方政府与中央政府相比更贴近社会公众,更能了解社会公众的权利诉求,因而维护公民权利是地方政府权力配置的目标和约束条件。为此,将国家公园内涉及生产生活、教育、医疗卫生和就业等带有民生属性的公共服务和社会管理归于地方政府事权范围,是衡量地方事权合理配置的重要标准。除了上述三项指标作为地方政府事权划分的标准外,地方政府职责还需要依仗规范层面的运行逻辑,即明确不同层级的政府事权划分应当基于该层级政府获取公共产品和供给信息的能力。② 换言之,权力配置应当与地方政府执政资源和信息获取能力挂钩,对于国家公园治理中的地方政府权力配置而言,地方政府作为地方政治、经济、民生等事项的直接管理者,是最有能力承担国家公园内外经济和民生职能的主体。由此可见,将经济发展类和民生保障类事权归于地方是一种双赢的权力安排,这既是地方政府的本职工作和利益所在,也能彰显地方政府在管理和信息方面所具有的独特优势,是国家公园治理央地权力配置贯彻权责利相一致的典型表现。

最后,作为国家公园财政支持主体之一的地方政府,将在中央财政事

---

① 林明灯:《协同治理视域下地方政府的权力行使及边界》,《江海学刊》2015 年第 6 期。
② 邱实:《政府间事权划分的合理性分析:双重逻辑、必要支撑与优化进路》,《江苏社会科学》2019 年第 3 期。

权和支出责任范围的基础上,确定地方财政事权的范围。一是全国国家公园涉及经济发展、社会管理、公共服务、防灾减灾、市场监管等费用,比如当发生洪水灾害时,地方政府应当承担支出责任。二是委托省级政府管理的国家公园内,有关国家公园基本建设、生态保护修复、管理机构运行等经费,除了上文提到的由中央财政承担的重大保护类基础设施外,这类国家公园的日常保护和修复费用、维持机构运转和人员管理的资金应当都属于地方财政事权的范围。

二 理顺国家公园治理央地权力的衔接机制

国家公园作为我国国家治理视域下的典型场域,适用央地关系和治理之间的一般性理论,上文已经论证了央地关系尤其是央地权力配置的清晰划分是国家公园治理的前提和基础。很显然,央地关系不仅仅是明确事权财权的划分问题,更是一种追求利益趋同的动态平衡与协调的关系。在我国国家治理现代化的背景下,中央与地方政府应当以实现国家稳定和良性发展为共同目标,既要恪守央地分权的边界,恰当地行使权力履行各自法定职责,也要在合理划分央地间权力的基础上,清晰地认识到协同性和整体性之于央地关系的重要性,从而实现"1+1>2"的治理效果。[1] 认识到央地协同是能够减少央地政府相互博弈所带来的效能损耗,提高整体治理效能的组织建构,[2] 治理理论提出了央地协同的具体方式,即强调多元治理主体之间只有通过平等协商和对话合作的方式,才能够最大限度地实现治理目标。我国央地关系属于政府内部结构关系,强调行政权的协调、合作乃至统一行使,[3] 将权力和资源从中央政府流向地方政府,形成中央与地方政府间相互合作、共同处理公共事务的组织结构。在我国单一制国家结构下,央地合作关系应当以中央政府为主导、形成全面广泛的伙伴型合作治理的权力关系。[4] 央地协同关系需要依赖央地权力的衔接和配合,同样我国国家公园治理也需要在具体管理事项中合理协调中央和地方事权。

---

[1] 王孟嘉:《论国家机构改革中的协同逻辑及其实施路径》,《中州学刊》2020年第6期。
[2] 张雪:《生态文明建设中政府协同动力体系优化问题研究》,《理论导刊》2019年第2期。
[3] 靳文辉:《风险规制中的央地政府关系之规范建构》,《法学研究》2022年第5期。
[4] 王晓燕、方雷:《地方治理视角下央地关系改革的理论逻辑与现实路径》,《江汉论坛》2016年第9期。

无论是《总体方案》最早提出的构建相互配合的国家公园中央和地方协同管理机制，还是地方政府根据实际管理需求配合国家公园管理机构做好生态保护工作的职责设定，抑或是将国家公园生态保护修复和中央政府委托省级政府代理行使全民所有自然资源资产所有权的国家公园基本建设，确认为中央与地方共同财政事权的政策规定，都证明了国家公园治理实行央地共治的重要性。这在中央政府直接管理的国家公园中也同样适用，即对于涉及属于中央事权的生态保护类事项，地方政府的环境保护、林业、水利和文化等职能部门有责任为国家公园管理机构在保护和管理过程中提供必要的智力支持和实质辅助。目前，国家公园央地共治需要在治理环节明确合作事项，中央和地方权力的协调既有整体过程的共同配合，也有在特定阶段的前后无缝衔接。

首先，国家公园保护和管理的一项重要任务——生态保护修复，直接关系到国家公园的核心价值。国家公园管理机构作为国家公园保护和管理的直接主体，生态保护修复是其最为重要的职责之一，体现了生态保护优先的原则。鉴于生态保护修复事项的重要性、复杂性和长期性，生态保护既离不开中央的宏观把控和大力支持，也依靠地方政府分担和落实。一方面，生态保护修复作为集合生物、物理、化学和工程技术等多重手段进行综合评估优化组合后致力于修复环境污染的办法，具有的复杂性和科技性要求多种学科共同参与，这就决定了即使配置了中央事权的国家公园管理机构也无法独立完成国家公园内的生态保护修复工作。在国家公园进行一项完整的生态保护修复工作需要三步。第一步是判断引起生态修复责任的前端行为——环境侵权行为的查处和起诉。第二步是科学合理选择履行生态修复责任的具体承担方式。生态修复是对环境要素与生态系统及其服务功能进行的统筹考虑，包括生态环境修复和人群健康风险防控两方面，国家公园管理机构在救济方式上应当尽可能地选择如劳务代偿、补种复绿、增殖放流等直接有效的修复手段，如果不能进行就地修复，则选择异地修复方式，不能以金钱给付方式替代生态功能的恢复。[①] 在确定生态修复责任主体和方式的前提下，第三步是国家公园管理机构开展生态修复活动，既包括代为履行修复责任（若无法明确侵权人），也包括监督被侵权人实施修复行为。无论国家公园管理机构是由中央政府还是省政府设立，都离

[①] 吕忠梅、窦海阳：《以"生态恢复论"重构环境侵权救济体系》，《中国社会科学》2020年第2期。

不开当地政府的协作。由于生态修复的环境科学技术性以及生态修复任务庞杂繁重，国家公园管理机构应当将耗时长、需花费大量人力的生态修复事项部分委托给当地政府执行，以便发挥地方政府在执行方面的管理优势。比如上文提到的栖息地和生态廊道等大型基础设施建设，国家公园管理机构更多地起到监管作用；再比如持续打击违法违规行为，阻止生态破坏行为，都需要寻求当地基层政府的支持。在国家公园治理过程中，还有许多与生态修复相类似的事项，比如灾害防治作为一项风险预防性工作，国家公园管理机构的职责重点是制定灾害防治预案，加强园区巡护管理和监督检查；而需要大量人力的灾害防治基础设施建设等事项则应当委托给地方政府，这也是地方政府维护市场监管职责的侧面体现。虽然相较于委托省政府管理的国家公园，在中央直接管理的国家公园内，中央政府对生态修复等园内事项给予更全面的支持，但地方政府的作用也不应被取代。

其次，凡是涉及生态保护和民生保障的事项，都离不开地方政府发展经济、社会管理和服务等职能的发挥。虽然生态补偿和生态移民属于国家公园管理机构的职责内容，但是补偿方式和移民安置方案等事项涉及民生问题，需要当地政府因地制宜配合完成。生态补偿和生态移民是涉及大量人力物力的重大事项，关系到国家公园能否实现生态保护和民生保障相统一，国家公园管理机构需要在中央统一规定下，结合当地实际制订具体国家公园内生态补偿标准，从而确保补偿的统一性和规范性，并且量化评估所产生的生态利益，运用中央或者省级财政进行金钱补偿。然而，这种单一方式无法满足实际需求，还需要引进人才帮扶和产业扶持等多样化补偿方式，这需要更为贴近当地实际的地方政府结合经济发展状况和受偿主体的根本需求进行协调和逐一落实。① 生态补偿要求在补偿标准制定过程中征求当地政府意见；生态移民需要综合考量生态、经济和社会效益，以人口、产业和土地用途为影响要素，综合运用搬迁、安置和产业引导等手段，要求国家公园管理机构和地方政府及国土资源、自然资源、生态环境、发改、民政和财政等相关职能部门联合提供政策方案，通力合作保障

---

① 廖华：《重点生态功能区建设中生态补偿的实践样态与制度完善》，《学习与实践》2020年第12期。

社会稳定和公众合法权益，尤以地方政府落实移民安置等后续工作为重。[1]

最后，公众参与作为协调国家公园建设和当地发展的关键内容，是国家公园管理机构执行社会参与管理工作的体现。无论国家公园管理机构代表中央还是省级政府，都有权通过明确基本原则，制定包含适用准则、组织方权责和公众权利义务等在内的技术规程，通过建立信息公开平台和反馈通道等方式构建国家公园公众参与机制，进而引导和规范公众参与的方式和行为。[2] 在形成统一规定的基础上，国家公园管理机构应当在知情、管理、资金、志愿和监督等多方面实现参与国家公园保护和管理的目标，其中无论是社区共建、签订管护协议、领办生态保护项目的管理参与，还是招聘管护员、招募志愿者的人员参与，都需要地方政府与国家公园管理机构相互配合。地方政府按需提供与国家公园保护目标相一致的生态产品、公众服务，比如可以通过已经搭建的政府公开平台公示国家公园治理的相关信息；根据当地居民需求设计管护协议和生态保护项目内容，从而提升居民参与积极性，提高协议签订和项目开展的成功率；防范人为活动对国家公园产生不利影响，处理好公园与周围社区和当地居民的关系；等等。

三　匹配国家公园治理央地权力配置的适格载体

我国央地权力配置的和谐状态应当是中央和地方两个积极性共同发挥、相互促进，然而实际上央地权力一直困于权力不断上收和下放的循环之中，呈现出"一收就死，一放就乱"的现象，使得中央和地方权力在不断拉锯中消耗，削弱了国家治理的整体能力。究其原因，这主要是我国长期依赖具有随意性和偶发性的非常规治理手段，利用"补丁式"修正的方式虽然能够快速解决国家治理难题，但是无益于从制度层面对央地权力进行科学界定和合理配置。[3] 为了改变这一局面，我国提出了推进各级政府事权规范化法律化的要求，在宏观层面提出从行政化向法治化、从政

---

[1] 荣钰、庄优波、杨锐：《中国国家公园社区移民中的问题与对策研究》，《中国园林》2020年第8期。
[2] 张婧雅、张玉钧：《论国家公园建设的公众参与》，《生物多样性》2017年第1期。
[3] 封丽霞：《国家治理转型的纵向维度——基于央地关系改革的法治化视角》，《东方法学》2020年第2期。

策主导向法律主导的历史性转变，在微观层面推出权力清单规范地方权力配置，以实现科学立法。

一方面，法治是合理配置央地权力的基本路径，也是处理中央和地方关系的前提和保障，更是社会主义民主政治的必然要求。在法治国家，社会变革的合理性应当通过法律途径得到解决，并且最终通过法律的形式来论证正当性，为此，需要运用法律手段和程序固化合理配置的央地权力关系。将中央和地方政府之间的纵向权力配置纳入法治轨道，有益于保持中央的高度权威和地方的积极性，既维持了两者之间相对稳定的平衡关系，也避免了中央政府的绝对集权和地方政府的随意性。① 在法治视野下合理配置央地关系，应当用法治思维规划央地关系，用法治规则规范央地关系，用法治方式治理央地关系。上文对于国家公园治理央地权力的配置正是法治的第一步：依法配置，即遵循宪法的基本原则，对国家权力这一具有稀缺性的公共资源进行合理配置是依宪治国的首要任务。将宪法中民主、法治、公平、科学和均衡等精神贯彻进国家公园治理中的中央和地方权力划分之中，以公民权利和国家权力这两大宪法内容作为考量央地权力合理配置的标准，注重将保障公民合理权利作为总出发点。② 第二步，将实现立法关系法律化作为规范央地关系的核心范畴。这包含主体和形成两个层面，第一层是赋予中央和地方独立的立法权力，保障中央立法权和地方立法权的适度均衡，既要从各自权利（力）内涵和利益考量出发，实现相应的行为目标、价值和功能，也要以维护中央权威为首要，以促进地方自治为根基。③ 第二层是直接形成以央地权力为规范对象的立法文件。无论是对《宪法》进行修正，加强和细化对央地分权的宪法调整，还是制定"中央与地方关系法"这一专门性法律，直接以法律的形式规定央地关系，抑或是制定财政基本法，以较为明确的财政事权为突破点，都是将央地关系作为立法对象的有益尝试和通用途径。对于国家公园治理而言，最快捷的方式是将合理配置的央地权力融入国家公园立法文件，根据有权必有责的原则，在"国家公园法"和实施细则中明确规定中央和地方政府在国家公园治理中的职责，作为国家和社会在治理国家公园时必须

---

① 石佑启、陈咏梅：《法治视野下行政权力合理配置研究》，人民出版社 2016 年版，第 168 页。
② 任进：《和谐社会视野下中央与地方关系研究》，法律出版社 2012 年版，第 22 页。
③ 朱未易：《对中国地方纵横向关系法治化的研究》，《政治与法律》2016 年第 11 期。

遵守的行为准则。

另一方面，制定权力清单作为一项推进限制和规范公权力的制度是现代政治文明和法制文明的共同产物。党的十八届三中、四中全会均提到推行政府权力清单制度，之后《关于推行地方各级政府工作部门权力清单制度的指导意见》也明确规定地方政府及其工作部门可以通过加强组织领导、坚持问题导向等方式来完成相应职权归类、清理、确认等任务，达到全面推进依法行政的工作目标。① 权力清单作为政府及职能部门将各项公权力按照权能进行细化后的文字，需要详细说明每项行政权力的职能定位、管理权限和操作流程等。换言之，权力清单是将法律法规中关于地方政府职责的原则性、零散性规定予以细化和整合，经过清权—减权—制权—晒权四个环节后，得以明确划定的行政权力领域和范围，这既防止了政府权力的肆意扩张，也有利于社会公众对政府行政行为的监督。② 编制权力清单是地方行政主体配置行政权力的一项（准）立法活动，清单是能够普遍和反复适用的、具有法律效力的地方规范性文件，成为权力法律化的又一实质载体。③ 权力清单将行政权力的主体、对象和能力进行划分，有助于确认权力运行程序、环节和责任结构等，对于规范行政权力、提高行政效能将发挥更大的作用。④ 为此，我国需要进一步升级和优化权力清单制度，既要打破权力背后的利益固化，也要推进权力清单的标准化建设，还要以大数据和互联网的形式破除信息壁垒，更要以系统化思维形成权力清单之间的内容衔接。⑤ 鉴于权力清单之于规范央地权力配置的诸多优势，在国家公园治理中引入权力清单制度是弥补法律对于权力配置规定过于原则缺陷的应有之义。目前，除了南山国家公园出台《湖南南山国家公园管理局行政权力清单（试行）》和武夷山国家公园出台《武夷山国家公园管理局行政权力清单（行政许可）》以外，大熊猫、东北虎豹、海南热带雨林等国家公园管理局也在积极推进权力清单制度，部分国家公园已经梳理出了权力清单，这将成为依法保障国家公园治理中的央地

---

① 赵谦、何佳杰:《地方政府权力清单制度的"困境摆脱"》,《重庆社会科学》2017年第4期。

② 王春业:《论地方行政权力清单制度及其法制化》,《政法论丛》2014年第6期。

③ 林孝文:《地方政府权力清单法律效力研究》,《政治与法律》2015年第7期。

④ 夏德峰:《地方政府权力清单制度的实施现状及改进空间》,《中州学刊》2016年第7期。

⑤ 郑曙村:《地方政府权力清单制的实践探索与优化思路》,《齐鲁学刊》2020年第4期。

权力配置、推动国家公园体制改革的重要一环。

总而言之，明确地方政府在国家公园治理中的经济发展、社会治理和民生保障等方面的具体事权，形成中央和地方权力的有效对接是科学立法的必要前提。通过制定法律和权力清单的方式承载国家公园治理中的央地权力合理配置结果也是权力法制化的应有选择和根本目标。

结　　语

　　加快国家公园体制建设，形成可供推广和复制的成功建设经验既是我国生态文明体制建设迈入关键期的重要推手，也是国家公园体制建设作为自然保护地体系建设先手棋的历史使命。从法学领域研究国家公园治理中的央地权力配置正是依法治国背景下对国家公园体制改革的现实回应，不仅从国家公园表层问题深入内部机理的过程中，运用整体视角对来自体制、机制和制度层面的所有问题进行总结分析，实现国家公园治理难题与央地权力配置之间因果关系的逻辑证成，而且运用自然资源国家所有和央地权力配置原则等相关法律规定，为国家公园治理提供了法律指引，从而奠定了国家公园良法善治的基础。换言之，将合理配置央地权力作为解决国家公园治理难题、落实科学立法的重要内容，是顺应我国生态文明体制改革趋势、达成我国各级政府事权法律化要求的因应之道。按照理论指导实践并且通过实践不断完善理论的规范路径，既有利于从根本上全面打破桎梏国家公园体制建设的枷锁，又是对治理和法治理论的一次革新。

　　在研究国家公园治理央地权力配置的过程中，需要将依法治理、以法律规范权力的法治思想贯彻始终，运用法律的一般性规定指引国家公园的特殊问题。一方面，不仅将《宪法》第3条第4款国家机构职权划分原则作为央地权力配置的基础性原则，而且将"央地权力"这一总括性概念初次类型化为立法权、人事权、事权和财权这四类权力，以现行法律中有关中央政府和地方政府的职责条款为蓝本，明确我国央地权力配置的基本走向。另一方面，考虑到国家公园作为自然资源集合体的定位，国家公园治理中的央地权力配置既受到宪法上"自然资源国家所有"以及行政法上公共用公物相关理论的双重指引，又需要考量环境权和发展权作为权力本质属性所产生的直接影响。为此遵循现有法律的指引，将国家公园立法权、重要人事权、保护类事权和重要财权上收中央，确保中央政府对国家公园建设的全面指导和统一管理，成为实现中央政府承担保护职能的保障；将促进经济发展类权力下放地方，以期建成高效合理的央地协同机制，真正实现国家公园体制改革的既定目标。

鉴于央地权力配置的复杂性以及国家公园体制改革的不断变迁，本书作为国家公园治理过程中的阶段性理论成果还存在未竟之处，仍需要深耕理论、关注实践，为研究国家公园治理中的央地权力配置提供更为合理的完善路径。

参考文献

一 中文文献

(一) 中文著作

蔡守秋:《生态文明建设的法律和制度》,中国法制出版社 2017 年版。

崔建远主编,彭诚信、戴孟勇副主编:《自然资源物权法律制度研究》,法律出版社 2012 年版。

陈慈阳:《环境法总论》(二〇〇三年修订版),中国政法大学出版社 2003 年版。

陈海嵩:《国家环境保护义务论》,北京大学出版社 2015 年版。

封丽霞:《中央与地方立法关系法治化研究》,北京大学出版社 2008 年版。

郭威、卓成刚主编,宦吉娥、李晓玉副主编:《自然资源管理体制改革研究》,中国地质大学出版社 2020 年版。

侯宇:《行政法视野里的公物利用研究》,清华大学出版社 2012 年版。

黄萍:《自然资源使用权制度研究》,上海社会科学院出版社 2013 年版。

黄德林主编,林璇、黄恬恬、马岩副主编:《发达国家国家公园发展及中国国家公园进展》,中国地质大学出版社 2018 年版。

韩旭、涂锋:《中央、地方事权关系研究报告》,中国社会科学出版社 2015 年版。

姜明安:《行政法》,北京大学出版社 2017 年版。

江平主编:《物权法教程》(第二版),中国政法大学出版社 2011

年版。

景跃进、陈明明、肖滨主编,谈火生、于晓虹副主编:《当代中国政府与政治》,中国人民大学出版社 2016 年版。

吕忠梅:《环境法新视野》(第三版),中国政法大学出版社 2019 年版。

刘剑文等:《中央与地方财政分权法律问题研究》,人民出版社 2009 年版。

刘承礼主编:《分权与央地关系》,中央编译出版社 2015 年版。

李文钊:《中央与地方政府权力配置的制度分析》,人民日报出版社 2017 年版。

李林:《走向宪政的立法》,法律出版社 2003 年版。

林尚立:《国内政府间关系》,浙江人民出版社 1998 年版。

梁慧星、陈华彬:《物权法》(第五版),法律出版社 2010 年版。

苗泳:《中央地方关系中的民主集中制研究》,法律出版社 2016 年版。

马新彦主编:《物权法》,科学出版社 2007 年版。

马永欢、吴初国、曹清华等编著:《生态文明视角下的自然资源管理制度改革研究》,中国经济出版社 2017 年版。

邱秋:《中国自然资源国家所有权制度研究》,科学出版社 2010 年版。

任广浩:《当代中国国家权力纵向配置问题研究》,中国政法大学出版社 2012 年版。

任进:《和谐社会视野下中央与地方关系研究》,法律出版社 2012 年版。

苏晓红:《我国政府规制体系改革问题研究》,中国社会科学出版社 2017 年版。

孙宪忠等:《国家所有权的行使与保护研究》,中国社会科学出版社 2015 年版。

冉富强:《宪法视野下中央与地方举债权限划分研究》,中国政法大学出版社 2014 年版。

石佑启、陈咏梅:《法治视野下行政权力合理配置研究》,人民出版社 2016 年版。

谭建立编著：《中央与地方财权事权关系研究》，中国财政经济出版社 2010 年版。

谭波：《央地财权、事权匹配的宪法保障机制研究》，社会科学文献出版社 2018 年版。

童之伟：《国家结构形式论》，武汉大学出版社 1997 年版。

王名扬：《法国行政法》，北京大学出版社 2007 年版。

天恒可持续发展研究所、保尔森基金会、环球国家公园协会编著：《国家公园体制的国际经验及借鉴》，科学出版社 2019 年版。

熊文钊：《大国地方——中国中央与地方关系宪政研究》，北京大学出版社 2005 年版。

熊文钊主编：《大国地方——中央与地方关系法治化研究》，中国政法大学出版社 2012 年版。

肖泽晟：《公物法研究》，法律出版社 2009 年版。

中共中央文献研究室编：《习近平关于社会主义生态文明建设论述摘编》，中央文献出版社 2017 年版。

应松年主编：《行政法与行政诉讼法学》（第二版），法律出版社 2009 年版。

俞可平主编：《治理与善治》，社会科学文献出版社 2000 年版。

叶榅平：《自然资源国家所有权的理论诠释与制度建构》，中国社会科学出版社 2019 年版。

国家林业局森林公园管理办公室、中南林业科技大学旅游学院编著：《国家公园体制比较研究》，中国林业出版社 2015 年版。

张宝：《环境规制的法律构造》，北京大学出版社 2018 年版。

张杰：《公共用公物权研究》，法律出版社 2012 年版。

张海霞：《中国国家公园特许经营机制研究》，中国环境出版集团 2018 年版。

章剑生：《现代行政法总论》（第 2 版），法律出版社 2019 年版。

周黎安：《转型中的地方政府：官员激励与治理》（第二版），格致出版社、上海三联书店、上海人民出版社 2017 年版。

（二）中文译作

［德］卡尔·拉伦茨：《法学方法论》，陈爱娥译，商务印书馆 2003 年版。

［德］马克斯·韦伯：《经济与社会》（下卷），林荣远译，商务印书馆 1997 年版。

［美］巴巴拉·劳瑞：《保护地立法指南》，王曦、卢锟、唐瑭译，法律出版社 2016 年版。

［美］塞缪尔·P. 亨廷顿：《变化社会中的政治秩序》，王冠华、刘为等译，上海人民出版社 2021 年版。

［美］埃莉诺·奥斯特罗姆：《公共事物的治理之道：集体行动制度的演进》，余逊达、陈旭东译，上海译文出版社 2012 年版。

［美］肯尼思·F. 沃伦：《政治体制中的行政法》（第三版），王丛虎、牛文展、任端平等译，中国人民大学出版社 2005 年版。

［美］史蒂文·卢克斯：《权力：一种激进的观点》，彭斌译，江苏人民出版社 2008 年版。

［日］植草益：《微观规制经济学》，朱绍文、胡欣欣等译校，中国发展出版社 1992 年版。

［瑞典］托马斯·思德纳：《环境与自然资源管理的政策工具》，张蔚文、黄祖辉译，上海三联书店、上海人民出版社 2005 年版。

［英］科林·斯科特：《规制、治理与法律：前沿问题研究》，安永康译，清华大学出版社 2018 年版。

［英］亚当·斯密：《国富论》，孙善春、李春长译，中国华侨出版社 2011 年版。

（三）中文期刊

毕瑞峰：《深化地方政府机构改革的思考与建议》，《探求》2020 年第 2 期。

陈泉生：《环境权之辨析》，《中国法学》1997 年第 2 期。

蔡守秋：《公众共用物的治理模式》，《现代法学》2017 年第 3 期。

蔡守秋：《善用环境法学实现善治——治理理论的主要概念及其含义》，《人民论坛》2011 年第 2 期。

曹炜：《环境监管中的"规范执行偏离效应"研究》，《中国法学》2018 年第 6 期。

程雪阳：《国有自然资源资产产权行使机制的完善》，《法学研究》2018 年第 6 期。

曹正汉：《中国上下分治的治理体制及其稳定机制》，《社会学研究》

2011 年第 1 期。

常纪文:《国有自然资源资产管理体制改革的建议与思考》,《中国环境管理》2019 年第 1 期。

陈海嵩:《中国环境法治中的政党、国家与社会》,《法学研究》2018 年第 3 期。

陈海嵩:《生态文明体制改革的环境法思考》,《中国地质大学学报》(社会科学版) 2018 年第 2 期。

陈海嵩:《我国环境监管转型的制度逻辑——以环境法实施为中心的考察》,《法商研究》2019 年第 5 期。

陈明辉:《论我国国家机构的权力分工:概念、方式及结构》,《法商研究》2020 年第 2 期。

陈明辉:《国家机构组织法中职权条款的设计》,《政治与法律》2020 年第 12 期。

陈金钊、俞海涛:《国家治理体系现代化的主体之维》,《法学论坛》2020 年第 3 期。

陈尧、陈甜甜:《制度何以产生治理效能: 70 年来中国国家治理的经验》,《学术月刊》2020 年第 2 期。

陈耀华、黄丹、颜思琦:《论国家公园的公益性、国家主导性和科学性》,《地理科学》2014 年第 3 期。

陈君帜、唐小平:《中国国家公园保护制度体系构建研究》,《北京林业大学学报》(社会科学版) 2020 年第 1 期。

陈君帜、倪建伟、唐小平等:《中国国家公园标准体系构建研究》,《林业资源管理》2019 年第 6 期。

陈雅如、韩俊魁、秦岭南等:《东北虎豹国家公园体制试点面临的问题与发展路径研究》,《环境保护》2019 年第 14 期。

陈真亮、诸瑞琦:《钱江源国家公园体制试点现状、问题与对策建议》,《时代法学》2019 年第 4 期。

陈世香、唐玉珍:《中央—地方政府间职责结构的历史变迁与优化——基于地方政府行动策略的视角》,《行政论坛》2020 年第 2 期。

陈娟:《政府公共服务供给的困境与解决之道》,《理论探索》2017 年第 1 期。

陈静、陈丽萍、汤文豪:《美国自然资源管理体制的主要特点》,《中国土地》2018 年第 6 期。

陈静、汤文豪、陈丽萍等：《美国内政部自然资源管理》，《国土资源情报》2020 年第 1 期。

陈战是、于涵、孙铁等：《生态文明视野下自然保护地规划的研究与思考》，《中国园林》2020 年第 11 期。

成婧：《行政级别的激励逻辑、容纳限制及其弹性拓展》，《江苏社会科学》2017 年第 5 期。

程庆栋：《区域协同立法层级关系困境的疏解》，《法学》2022 年第 10 期。

邓小兵、武刚：《祁连山国家公园资源环境综合执法研究》，《兰州文理学院学报》（社会科学版）2019 年第 5 期。

丁煌、李新阁：《基层政府管理中的执行困境及其治理》，《东岳论丛》2015 年第 10 期。

杜辉：《生态环境执法体制改革的法理与进阶》，《江西社会科学》2022 年第 8 期。

杜文艳：《论新形势下自然保护区的法制建设》，《环境保护科学》2015 年第 4 期。

邓锋：《当前日本自然资源管理的特点与借鉴》，《中国国土资源经济》2018 年第 10 期。

邓海峰：《生态文明体制改革中自然资源资产分级行使制度研究》，《中国法学》2021 年第 2 期。

方言、吴静：《中国国家公园的土地权属与人地关系研究》，《旅游科学》2017 年第 3 期。

封丽霞：《国家治理转型的纵向维度——基于央地关系改革的法治化视角》，《东方法学》2020 年第 2 期。

高世楫、王海芹、李维明：《改革开放 40 年生态文明体制改革历程与取向观察》，《改革》2018 年第 8 期。

巩固：《自然资源国家所有权公权说再论》，《法学研究》2015 年第 2 期。

公丕祥：《空间关系：区域法治发展的方式变项》，《法律科学》（西北政法大学学报）2019 年第 2 期。

关华、齐卫娜：《环境治理中政府间利益博弈与机制设计》，《财经理论与实践》2015 年第 1 期。

郭志京：《自然资源国家所有的私法实现路径》，《法制与社会发展》2020 年第 5 期。

郭建勋：《论法治社会建设进程中的权利与权力问题》，《哈尔滨师范大学社会科学学报》2019 年第 1 期。

郭洁、郭云峰：《论我国自然资源国家所有权主体制度的建构》，《沈阳师范大学学报》（社会科学版）2019 年第 6 期。

郭楠：《他山之石与中国道路：美中国家公园管理立法比较研究》，《干旱区资源与环境》2020 年第 8 期。

韩大元：《宪法实施与中国社会治理模式的转型》，《中国法学》2012 年第 4 期。

韩爱惠：《国家公园自然资源资产管理探讨》，《林业资源管理》2019 年第 1 期。

侯佳儒：《论我国环境行政管理体制存在的问题及其完善》，《行政法学研究》2013 年第 2 期。

侯佳儒、尚毓嵩：《大数据时代的环境行政管理体制改革与重塑》，《法学论坛》2020 年第 1 期。

何思源、苏杨、王大伟：《以保护地役权实现国家公园多层面空间统一管控》，《河海大学学报》（哲学社会科学版）2020 年第 4 期。

黄德林、赵淼峰、张竹叶等：《国家公园最严格保护制度构建的探讨》，《安全与环境工程》2018 年第 4 期。

黄锡生、郭甜：《论国家公园的公益性彰显及其制度构建》，《中国特色社会主义研究》2019 年第 3 期。

黄宝荣、王毅、苏利阳等：《我国国家公园体制试点的进展、问题与对策建议》，《中国科学院院刊》2018 年第 1 期。

黄宝荣、张丛林、邓冉：《我国自然保护地历史遗留问题的系统解决方案》，《生物多样性》2020 年第 10 期。

黄新华：《政府规制研究：从经济学到政治学和法学》，《福建行政学院学报》2013 年第 5 期。

黄韬：《法治不完备条件下的我国政府间事权分配关系及其完善路径》，《法制与社会发展》2015 年第 6 期。

胡涛、查元桑：《委托代理理论及其新的发展方向之一》，《财经理与实践》2002 年第 S3 期。

胡永平、龚战梅：《利益结构中的中央与地方政府关系及其法治化》，《理论导刊》2011 年第 6 期。

胡文木：《强国家—强社会：中国国家治理现代化的结构模式与实现路径》，《学习与实践》2020 年第 2 期。

焦艳鹏：《自然资源的多元价值与国家所有的法律实现——对宪法第 9 条的体系性解读》，《法制与社会发展》2017 年第 1 期。

姜明安：《论依宪治国与依法治国的关系》，《法学杂志》2019 年第 3 期。

姜峰：《央地关系视角下的司法改革：动力与挑战》，《中国法学》2016 年第 4 期。

蒋立山：《社会治理现代化的法治路径——从党的十九大报告到十九届四中全会决定》，《法律科学》（西北政法大学学报）2020 年第 2 期。

蒋飞：《社会治理视域下公物行政权的法治解构》，《山东科技大学学报》（社会科学版）2018 年第 6 期。

贾康、苏京春：《现阶段我国中央与地方事权划分改革研究》，《财经问题研究》2016 年第 10 期。

贾倩、郑月宁、张玉钧：《国家公园游憩管理机制研究》，《风景园林》2017 年第 7 期。

江小涓：《大数据时代的政府管理与服务：提升能力及应对挑战》，《中国行政管理》2018 年第 9 期。

靳文辉：《风险规制中的央地政府关系之规范建构》，《法学研究》2022 年第 5 期。

李忠夏：《法治国的宪法内涵——迈向功能分化社会的宪法观》，《法学研究》2017 年第 2 期。

李晓亮、董战峰、李婕旦等：《推进环境治理体系现代化 加速生态文明建设融入经济社会发展全过程》，《环境保护》2020 年第 9 期。

李胜、何植民：《社会治理现代化的结构与路径：基于中国语境的一个分析框架》，《行政论坛》2020 年第 3 期。

李楠楠：《从权责背离到权责一致：事权与支出责任划分的法治路径》，《哈尔滨工业大学学报》（社会科学版）2018 年第 5 期。

李俊生、朱彦鹏：《国家公园资金保障机制探讨》，《环境保护》2015

年第 14 期。

李康：《新中国 70 年来经济发展模式的关键：央地关系的演进与变革》，《经济学家》2019 年第 10 期。

李鹏：《国家公园中央治理模式的"国""民"性》，《旅游学刊》2015 年第 5 期。

李想、郭晔、林进等：《美国国家公园管理机构设置详解及其对我国的启示》，《林业经济》2019 年第 1 期。

李丽娟、毕莹竹：《美国国家公园管理的成功经验及其对我国的借鉴作用》，《世界林业研究》2019 年第 1 期。

李闽：《国外自然资源管理体制对比分析——以国家公园管理体制为例》，《国土资源情报》2017 年第 2 期。

李爱年、肖和龙：《英国国家公园法律制度及其对我国国家公园立法的启示》，《时代法学》2019 年第 4 期。

李红勃：《环境权的兴起及其对传统人权观念的挑战》，《人权研究》2020 年第 1 期。

梁莹：《治理、善治与法治》，《求实》2003 年第 2 期。

梁西圣：《地方立法权扩容的"张弛有度"——寻找中央与地方立法权的黄金分割点》，《哈尔滨工业大学学报》（社会科学版）2018 年第 3 期。

梁丽芝、凌佳亨：《新时代党和国家机构改革：理论逻辑与鲜明特点》，《中国行政管理》2019 年第 10 期。

廖华：《重点生态功能区建设中生态补偿的实践样态与制度完善》，《学习与实践》2020 年第 12 期。

林尚立：《权力与体制：中国政治发展的现实逻辑》，《学术月刊》2001 年第 5 期。

林霞：《政府购买公共服务中的权威设置与权利保障》，《社会科学家》2015 年第 9 期。

林明灯：《协同治理视域下地方政府的权力行使及边界》，《江海学刊》2015 年第 6 期。

林孝文：《地方政府权力清单法律效力研究》，《政治与法律》2015 年第 7 期。

刘剑文、侯卓：《事权划分法治化的中国路径》，《中国社会科学》

2017 年第 2 期。

刘剑文：《地方财源制度建设的财税法审思》，《法学评论》2014 年第 2 期。

刘超：《自然资源产权制度改革的地方实践与制度创新》，《改革》2018 年第 11 期。

刘超：《〈长江法〉制定中涉水事权央地划分的法理与制度》，《政法论丛》2018 年第 6 期。

刘超：《国家公园分区管控制度析论》，《南京工业大学学报》（社会科学版）2020 年第 3 期。

刘尚希：《自然资源设置两级产权的构想——基于生态文明的思考》，《经济体制改革》2018 年第 1 期。

刘尚希、石英华、武靖州：《公共风险视角下中央与地方财政事权划分研究》，《改革》2018 年第 8 期。

刘红纯：《世界主要国家国家公园立法和管理启示》，《中国园林》2015 年第 11 期。

刘玉芝：《美国的国家公园治理模式特征及其启示》，《环境保护》2011 年第 5 期。

刘卫先：《"自然资源属于国家所有"的解释迷雾及其澄清》，《政法论丛》2020 年第 5 期。

刘佳奇：《论长江流域政府间事权的立法配置》，《中国人口·资源与环境》2019 年第 10 期。

刘某承、王佳然、刘伟玮等：《国家公园生态保护补偿的政策框架及其关键技术》，《生态学报》2019 年第 4 期。

刘金龙、赵佳程、徐拓远等：《国家公园治理体系热点话语和难点问题辨析》，《环境保护》2017 年第 14 期。

刘湘溶：《关于生态文明体制改革的若干思考》，《湖南师范大学社会科学学报》2014 年第 2 期。

刘翔宇、谢屹、杨桂红：《美国国家公园特许经营制度分析与启示》，《世界林业研究》2018 年第 5 期。

吕忠梅、窦海阳：《以"生态恢复论"重构环境侵权救济体系》，《中国社会科学》2020 年第 2 期。

吕忠梅：《以国家公园为主体的自然保护地体系立法思考》，《生物多样性》2019 年第 2 期。

吕忠梅、吴一冉：《中国环境法治七十年：从历史走向未来》，《中国法律评论》2019 年第 5 期。

吕忠梅：《环境法典编纂视阈中的人与自然》，《中外法学》2022 年第 3 期。

鹿斌：《社会治理中的权力：内涵、关系及结构的认知》，《福建论坛》（人文社会科学版）2020 年第 4 期。

陆建城、罗小龙、张培刚等：《国家公园特许经营管理制度构建策略》，《规划师》2019 年第 17 期。

卢现祥、李慧：《自然资源资产产权制度改革：理论依据、基本特征与制度效应》，《改革》2021 年第 2 期。

鲁冰清：《论共生理论视域下国家公园与原住居民共建共享机制的实现》，《南京工业大学学报》（社会科学版）2022 年第 2 期。

马俊驹：《国家所有权的基本理论和立法结构探讨》，《中国法学》2011 年第 4 期。

马忠、安着吉：《本土化视野下构建中国特色国家治理理论的深层思考》，《西安交通大学学报》（社会科学版）2020 年第 2 期。

马童慧、吕偲、雷光春：《中国自然保护地空间重叠分析与保护地体系优化整合对策》，《生物多样性》2019 年第 7 期。

毛江晖：《财政事权和支出责任背景下的国家公园资金保障机制建构——以青海省为例》，《新西部》2020 年第 10 期。

欧树军：《"看得见的宪政"：理解中国宪法的财政权力配置视角》，《中外法学》2012 年第 5 期。

潘佳：《自然资源使用权限制的法规范属性辨析》，《政治与法律》2019 年第 6 期。

潘佳：《国家公园法是否应当确认游憩功能》，《政治与法律》2020 年第 1 期。

裴敬伟：《生态修复法律制度的协同及其实现路径》，《北京理工大学学报》（社会科学版）2022 年第 3 期。

秦天宝：《论国家公园国有土地占主体地位的实现路径——以地役权为核心的考察》，《现代法学》2019 年第 3 期。

秦天宝、刘彤彤：《央地关系视角下我国国家公园管理体制之建构》，

《东岳论丛》2020年第10期。

秦天宝、刘彤彤：《国家公园立法中"一园一法"模式之迷思与化解》，《中国地质大学学报》（社会科学版）2019年第6期。

秦天宝：《论新时代的中国环境权概念》，《法制与社会发展》2022年第3期。

秦子薇、熊文琪、张玉钧：《英国国家公园公众参与机制建设经验及启示》，《世界林业研究》2020年第2期。

邱胜荣、赵晓迪、何友均等：《我国国家公园管理资金保障机制问题探讨》，《世界林业研究》2020年第3期。

邱实：《政府间事权划分的合理性分析：双重逻辑、必要支撑与优化进路》，《江苏社会科学》2019年第3期。

荣钰、庄优波、杨锐：《中国国家公园社区移民中的问题与对策研究》，《中国园林》2020年第8期。

任勇：《治理理论在中国政治学研究中的应用与拓展》，《东南学术》2020年第3期。

任剑涛：《宪政分权视野中的央地关系》，《学海》2007年第1期。

任广浩：《充分发挥中央和地方两个积极性的制度内涵》，《中国社会科学报》2019年12月12日。

宋雄伟、张翔、张婧婧：《国家治理的复杂性：逻辑维度与中国叙事——基于"情境—理论—工具"的分析框架》，《中国行政管理》2019年第10期。

苏杨：《从人地关系视角破解统一管理难题，深化国家公园体制试点》，《中国发展观察》2018年第15期。

苏杨：《国家公园归谁管？》，《中国发展观察》2016年第9期。

苏海红、李婧梅：《三江源国家公园体制试点中社区共建的路径研究》，《青海社会科学》2019年第3期。

孙鸿雁、余莉、蔡芳等：《论国家公园的"管控—功能"二级分区》，《林业建设》2019年第3期。

孙鸿雁、张小鹏：《国家公园自然资源管理的探讨》，《林业建设》2019年第2期。

孙婧、侯冰、余振国：《山川河流共护　资源权益共享——国外自然资源调查登记和国家公园管理经验》，《国土资源》2019年第3期。

税兵：《自然资源国家所有权双阶构造说》，《法学研究》2013 年第 4 期。

单平基、彭诚信：《"国家所有权"研究的民法学争点》，《交大法学》2015 年第 2 期。

桑玉成、鄢波：《论国家治理体系的层级结构优化》，《山东大学学报》（哲学社会科学版）2014 年第 6 期。

陶建群、杨武、王克：《钱江源国家公园体制试点的创新与实践》，《人民论坛》2020 年第 29 期。

唐士其：《治理与国家权力的边界——理论梳理与反思》，《湖北行政学院学报》2018 年第 6 期。

唐小平：《国家公园规划制度功能定位与空间属性》，《生物多样性》2020 年第 10 期。

唐小平、张云毅、梁兵宽等：《中国国家公园规划体系构建研究》，《北京林业大学学报》（社会科学版）2019 年第 1 期。

王春业：《论地方行政权力清单制度及其法制化》，《政法论丛》2014 年第 6 期。

王浦劬：《国家治理、政府治理和社会治理的含义及其相互关系》，《国家行政学院学报》2014 年第 3 期。

王浦劬：《中央与地方事权划分的国别经验及其启示——基于六个国家经验的分析》，《政治学研究》2016 年第 5 期。

王华杰、薛忠义：《社会治理现代化：内涵，问题与出路》，《中州学刊》2015 年第 4 期。

王晓燕、方雷：《地方治理视角下央地关系改革的理论逻辑与现实路径》，《江汉论坛》2016 年第 9 期。

王蕾、卓杰、苏杨：《中国国家公园管理单位体制建设的难点和解决方案》，《环境保护》2016 年第 23 期。

王社坤、吴亦九：《生态环境修复资金管理模式的比较与选择》，《南京工业大学学报》（社会科学版）2019 年第 1 期。

王新红：《论政府权力法定原则》，《当代法学》2002 年第 7 期。

王建学：《论地方政府事权的法理基础与宪法结构》，《中国法学》2017 年第 4 期。

王克稳：《自然资源国家所有权的性质反思与制度重构》，《中外法学》2019 年第 3 期。

王克稳：《完善我国自然资源国家所有权主体制度的思考》，《江苏行政学院学报》2019 年第 1 期。

王桦宇：《论财税体制改革的"两个积极性"——以财政事权与支出责任划分的政制经验为例》，《法学》2017 年第 11 期。

王旭：《论自然资源国家所有权的宪法规制功能》，《中国法学》2013 年第 6 期。

王涌：《自然资源国家所有权三层结构说》，《法学研究》2013 年第 4 期。

王建学：《中央的统一领导：现状与问题》，《中国法律评论》2018 年第 1 期。

王应临、杨锐、埃卡特·兰格：《英国国家公园管理体系评述》，《中国园林》2013 年第 9 期。

王孟嘉：《论国家机构改革中的协同逻辑及其实施路径》，《中州学刊》2020 年第 6 期。

王江、许雅雯：《英国国家公园管理制度及对中国的启示》，《环境保护》2016 年第 13 期。

王秀卫、李静玉：《全民所有自然资源资产所有权委托代理机制初探》，《中国矿业大学学报》（社会科学版）2021 年第 3 期。

王礼鑫：《公共政策的知识基础与决策权配置》，《中国行政管理》2018 年第 4 期。

王社坤、焦琰：《国家公园全民公益性理念的立法实现》，《东南大学学报》（哲学社会科学版）2021 年第 4 期。

王金南、秦昌波、苏洁琼等：《独立统一的生态环境监测评估体制改革方案研究》，《中国环境管理》2016 年第 1 期。

汪劲：《中国国家公园统一管理体制研究》，《暨南学报》（哲学社会科学版）2020 年第 10 期。

汪习根、陈亦琳：《中国特色社会主义人权话语体系的三个维度》，《中南民族大学学报》（人文社会科学版）2019 年第 3 期。

汪家军、崔晓伟、李云等：《钱江源国家公园自然资源统一管理路径探索》，《中国国土资源经济》2021 年第 2 期。

吴卫星：《环境权的中国生成及其在民法典中的展开》，《中国地质大学学报》（社会科学版）2018 年第 6 期。

吴健、胡蕾、高壮：《国家公园——从保护地"管理"走向"治理"》，《环境保护》2017 年第 19 期。

吴健、王菲菲、余丹等：《美国国家公园特许经营制度对我国的启示》，《环境保护》2018 年第 24 期。

吴承照、陈涵子：《中国国家公园特许制度的框架建构》，《中国园林》2019 年第 8 期。

吴亮、董草、苏晓毅等：《美国国家公园体系百年管理与规划制度研究及启示》，《世界林业研究》2019 年第 6 期。

蔚东英：《国家公园管理体制的国别比较研究——以美国、加拿大、德国、英国、新西兰、南非、法国、俄罗斯、韩国、日本 10 个国家为例》，《南京林业大学学报》（人文社会科学版）2017 年第 3 期。

魏文松：《生态文明体制改革的逻辑进路与法治保障》，《时代法学》2020 年第 2 期。

席志国：《自然资源国家所有权属性及其实现机制——以自然资源确权登记为视角》，《中共中央党校（国家行政学院）学报》2020 年第 5 期。

肖泽晟：《宪法意义上的国家所有权》，《法学》2014 年第 5 期。

肖泽晟：《论国家所有权与行政权的关系》，《中国法学》2016 年第 6 期。

肖泽晟：《论遏制公共资源流失的执法保障机制——以公共资源收益权和行政执法权的纵向配置为视角》，《法商研究》2014 年第 5 期。

肖泽晟：《公共资源特许利益的限制与保护——以燃气公用事业特许经营权为例》，《行政法学研究》2018 年第 2 期。

夏志强：《国家治理现代化的逻辑转换》，《中国社会科学》2020 年第 5 期。

夏德峰：《地方政府权力清单制度的实施现状及改进空间》，《中州学刊》2016 年第 7 期。

项安安：《环境权与人权——从〈环保法〉修订案谈起》，《环境与可持续发展》2014 年第 5 期。

向立力：《地方立法发展的权限困境与出路试探》，《政治与法律》2015 年第 1 期。

熊伟:《分税制模式下地方财政自主权研究》,《政法论丛》2019年第1期。

熊超:《环保垂改对生态环境部门职责履行的变革与挑战》,《学术论坛》2019年第1期。

谢海定:《国家所有的法律表达及其解释》,《中国法学》2016年第2期。

徐祥民:《地方政府环境质量责任的法理与制度完善》,《现代法学》2019年第3期。

徐以祥:《我国环境法律规范的类型化分析》,《吉林大学社会科学学报》2020年第2期。

徐亚清、于水:《新时代国家治理的内涵阐释——基于话语理论分析》,《重庆大学学报》(社会科学版)2021年第1期。

徐清飞:《我国中央与地方权力配置基本理论探究——以对权力属性的分析为起点》,《法制与社会发展》2012年第3期。

徐双敏、张巍:《职责异构:地方政府机构改革的理论逻辑和现实路径》,《晋阳学刊》2015年第1期。

许耀桐:《新中国的国家治理和70年的发展》,《中国浦东干部学院学报》2019年第4期。

颜金:《论政府环境责任中的利益困境——基于府际关系视域》,《理论与改革》2014年第3期。

杨立华:《建设强政府与强社会组成的强国家——国家治理现代化的必然目标》,《国家行政学院学报》2018年第6期。

杨寅:《论中央与地方立法权的分配与协调——以上海口岸综合管理地方立法为例》,《法学》2009年第2期。

杨志勇:《国家机构改革与新型央地关系》,《国家治理》2018年第16期。

杨壮壮、袁源、王亚华等:《生态文明背景下的国土空间用途管制:内涵认知与体系构建》,《中国土地科学》2020年第11期。

杨朝霞:《论环境权的性质》,《中国法学》2020年第2期。

叶榅平:《新体制下自然资源管理的制度创新与法治保障》,《贵州省党校学报》2019年第1期。

袁一仁、成金华、陈从喜:《中国自然资源管理体制改革:历史脉络、时代要求与实践路径》,《学习与实践》2019 年第 9 期。

于长革:《政府间环境事权划分改革的基本思路及方案探讨》,《财政科学》2019 年第 7 期。

余敏江:《论生态治理中的中央与地方政府间利益协调》,《社会科学》2011 年第 9 期。

虞崇胜:《中国国家治理现代化中的"制""治"关系逻辑》,《东南学术》2020 年第 2 期。

宇红:《论韦伯科层制理论及其在当代管理实践中的运用》,《社会科学辑刊》2005 年第 3 期。

臧雷振、张一凡:《理解中国治理机制变迁:基于中央与地方关系的学理再诠释》,《社会科学》2019 年第 4 期。

张文显:《新时代中国社会治理的理论、制度和实践创新》,《法商研究》2020 年第 2 期。

张翔:《我国国家权力配置原则的功能主义解释》,《中外法学》2018 年第 2 期。

张翔:《国家权力配置的功能适当原则——以德国法为中心》,《比较法研究》2018 年第 3 期。

张婧雅、张玉钧:《论国家公园建设的公众参与》,《生物多样性》2017 年第 1 期。

张文娟:《激发内生活力,需理顺哪几重关系?——关于构建现代环境治理体系的几点思考》,《中国生态文明》2020 年第 2 期。

张则行、何精华:《党的十八大以来我国环境管理体制的重塑路径研究——基于组织"内部控制"视角的分析框架》,《中国行政管理》2020 年第 7 期。

张永生:《中央与地方的政府间关系:一个理论框架及其应用》,《经济社会体制比较》2009 年第 2 期。

张勇:《政治发展的主题与逻辑:国家权力、公民权利、国家治理能力建构》,《中共福建省委党校学报》2016 年第 9 期。

张志红:《中国政府职责体系建设路径探析》,《南开学报》(哲学社会科学版)2020 年第 3 期。

张小鹏、王梦君、和霞:《自然保护区自然资源产权制度存在的问题及对策思路》,《林业建设》2019 年第 3 期。

张晏：《国家公园内保护地役权的设立和实现——美国保护地役权制度的经验和借鉴》，《湖南师范大学社会科学学报》2020 年第 3 期。

张斌峰、陈西茜：《试论类型化思维及其法律适用价值》，《政法论丛》2017 年第 3 期。

张宝：《生态环境损害政府索赔权与监管权的适用关系辨析》，《法学论坛》2017 年第 3 期。

张雪：《生态文明建设中政府协同动力体系优化问题研究》，《理论导刊》2019 年第 2 期。

赵福昌：《权责内洽机制是央地关系的核心》，《财政科学》2018 年第 8 期。

赵西君：《中国国家公园管理体制建设》，《社会科学家》2019 年第 7 期。

赵自轩：《公共地役权在我国街区制改革中的运用及其实现路径探究》，《政治与法律》2016 年第 8 期。

赵人镜、尚琴琴、李雄：《日本国家公园的生态规划理念、管理体制及其借鉴》，《中国城市林业》2018 年第 4 期。

赵谦、何佳杰：《地方政府权力清单制度的"困境摆脱"》，《重庆社会科学》2017 年第 4 期。

曾毅：《"现代国家"的含义及其建构中的内在张力》，《中国人民大学学报》2012 年第 3 期。

郑毅：《论中央与地方关系中的"积极性"与"主动性"原则——基于我国〈宪法〉第 3 条第 4 款的考察》，《政治与法律》2019 年第 3 期。

郑毅：《论我国宪法文本中的"中央"与"地方"——基于我国〈宪法〉第 3 条第 4 款的考察》，《政治与法律》2020 年第 6 期。

郑毅：《"谨慎放权"意图与设区的市地方性法规制定权实施——基于〈宪法〉第 100 条第 2 款的考察》，《当代法学》2019 年第 3 期。

郑文娟、李想：《日本国家公园体制发展、规划、管理及启示》，《东北亚经济研究》2018 年第 3 期。

郑文娟、李想、许丽娜：《日本国家公园设立理事会的经验与启示》，《环境保护》2018 年第 23 期。

郑曙村：《地方政府权力清单制的实践探索与优化思路》，《齐鲁学刊》2020 年第 4 期。

郑丽琳、李旭辉：《信息生态视角下政府环境信息公开影响因素研究》，《理论学刊》2018 年第 3 期。

卓轶群：《地方立法权扩容的困局与优化》，《江西社会科学》2020 年第 9 期。

周雪光：《运动型治理机制：中国国家治理的制度逻辑再思考》，《开放时代》2012 年第 9 期。

周雪光：《权威体制与有效治理：当代中国国家治理的制度逻辑》，《开放时代》2011 年第 10 期。

周庆智：《社会治理体制创新与现代化建设》，《南京大学学报》（哲学·人文科学·社会科学版）2014 年第 4 期。

周黎安：《行政发包制》，《社会》2014 年第 6 期。

周武忠、徐媛媛、周之澄：《国外国家公园管理模式》，《上海交通大学学报》2014 年第 8 期。

周尚君、郭晓雨：《制度竞争视角下的地方立法权扩容》，《法学》2015 年第 11 期。

钟骁勇、潘弘韬、李彦华：《我国自然资源资产产权制度改革的思考》，《中国矿业》2020 年第 4 期。

钟永德、徐美、刘艳等：《典型国家公园体制比较分析》，《北京林业大学学报》（社会科学版）2019 年第 1 期。

钟乐、赵智聪、杨锐：《自然保护地自然资源资产产权制度现状辨析》，《中国园林》2019 年第 8 期。

邹爱华、储贻燕：《论自然资源国家所有权和自然资源国家管理权》，《湖北大学学报》（哲学社会科学版）2017 年第 4 期。

朱旭峰、吴冠生：《中国特色的央地关系：演变与特点》，《治理研究》2018 年第 2 期。

朱光磊、张志红：《"职责同构"批判》，《北京大学学报》（哲学社会科学版）2005 年第 1 期。

朱仕荣、卢娇：《美国国家公园资源管理体制构建模式研究》，《中国园林》2018 年第 12 期。

朱未易：《对中国地方纵横向关系法治化的研究》，《政治与法律》2016 年第 11 期。

朱光磊、赵志远：《政府职责体系视角下的权责清单制度构建逻辑》，

《南开学报》（哲学社会科学版）2020年第3期。

朱最新：《区域协同立法的运行模式与制度保障》，《政法论丛》2022年第4期。

庄鸿飞、陈君帜、史建忠等：《大熊猫国家公园四川片区自然保护地空间关系对大熊猫分布的影响》，《生态学报》2020年第7期。

庄优波：《德国国家公园体制若干特点研究》，《中国园林》2014年第8期。

二 英文文献

（一）英文著作

Doherty, Gareth, *Ecological Urbanism*, Lars Müller Publishers, 2010.

Jan Kooiman, *Governing as Governance*, Sage Press, 2003.

Michael A. Soukup, Gary E. Michael, *American Covenant: National Parks, Their Promise, and Our Nation's Future*, Yale University Press, 2021.

Philip Selznick, *Regulatory Policy and the Social Sciences*, University of California Press, 1985.

（二）英文论文

Camilla Risvoll, Gunn Elin Fedreheim, Audun Sandberg, Shauna Burn-Silver, "Does Pastoralists' Participation in the Management of National Parks in Northern Norway Contribute to Adaptive Governance?", *Ecology and Society*, Vol. 19, No. 2, 2014.

Andrea S. Thorpe, "The Good, the Bad, and the Ugly: Challenges in Plant Conservation in Oregon", *Native Plants Journal*, Vol. 9, No. 3, 2008.

Kofi Akamani, "Integrating Deep Ecology and Adaptive Governance for Sustainable Development: Implications for Protected Areas Management", *Sustainability*, Vol. 7, No. 14, 2020.

Lockwood M., "Good Governance for Terrestrial Protected Areas: A Framework, Principles and Peformance Outcomes", *Journal of Environment Management*, Vol. 91, No. 3, 2010.

Mbile P., Vabi M., Meboka M. et al., "Linking Management and Livelihood in Environmental Conservation: Case of the Korup National Park Cameroon", *Journal of Environmental Management*, Vol. 76, No. 1, 2005.

Qian, Yingyi and Barry Weingast, "China's Transition to Markets: Market-Preserving Federalism Chinese Style", *Journal of Policy Reform*, Vol. 2, No. 1, 2011.

Robert B. Denhardt, Janet V. Danhardt, "The New Public Service: Putting Democracy First", *National Civic Review*, Vol. 90, No. 4, 2001.

Sidney A. Shapiro & Rena I. Steinzor, "The People's Agent: Executive Branch Secrecy and Accountability in an Age of Terrorism", *Law & Contemp. Probs.*, Vol. 69, No. 3, 2006.

Stephen A. Ross, "The Economic Theory of Agency: the Principal's Problem", *American Economic Review*, Vol. 63, No. 2, 1973.

后　记

《国家公园治理中的央地权力配置》一书的出版，算是我开展国家公园研究的一项阶段性总结。作为我的第一部独著，本书不仅凝聚了我六年多的学术积累和思考，也展现了我在国家公园治理领域的研究心得。从博士学位论文的初稿到历经六万余字更新修改而最终成书，这一过程充分见证了我的学术成长。

我始终坚持顺应国家公园立法的时代需求，注重将科学知识和政策定位转化为政府管理行为，以期全面系统地展示了央地权力配置方案。虽然受限于央地关系的分析框架，未能做出更多理论创新，但幸好引入了央地关系作为破解国家公园治理困局的逻辑主线，并运用类型化研究方法对国家公园治理央地权力进行梳理，为这一领域的研究提供了新的视角和方法。这种综合性和问题导向性的研究思路，期望能够对当前国家公园治理研究提供些许参考。

从初稿写作到完善优化，我完整经历了"发现问题—分析问题—解决问题"的过程，在此期间也遇到了一些挑战。在初稿写作期间，虽然我较早确定了研究切入点，但在寻找国家公园治理权力配置的理论基础时陷入了瓶颈。为此，经过长时间对行政法中公物理论的深入研究，并受到蔡守秋老师关于"公众用公物"研究的启发，我最终确定了"公共用公物权"作为国家公园治理权力的权源。基于此，我从中析出所有权、使用权和管理权，分别赋予管理国家公园的资格、目标和面向，从而形成理论与实践互动的逻辑闭环。在完善优化期间，恰逢国家大力推动国家公园建设，密集颁布了大量与国家公园相关的政策和规范性文件。这些文件虽然为央地权力配置提供了更清晰的指引和更充分的依据，但也要求我迅速结合最新动态对央地权力配置方案进行修改和调整。这一过程不仅是对政策变化的及时回应，也是实现精细化立法的必然要求。通过不断更新和优化研究内容，我力求使研究成果更具现实针对性和实践指导意义。

　　本书得以出版需要感谢很多人，感谢我的导师秦天宝教授，是他带我走进国家公园领域，不仅提供了丰富的学术资源和实践机会，而且在整个研究过程中给予了我悉心指导和无私帮助。感谢身边师友，我的点滴进步离不开老师前辈们的关心与支持、青年学者间的交流和鼓励，让我能够站在巨人的肩膀上看得更远、在融洽的氛围中专注研究。感谢梁剑琴老师辛苦编辑书稿，她在书稿编辑过程中提出了许多建设性的修改意见，为书籍的顺利出版付出了大量心血。感谢我的父母，是他们的默默陪伴和悉心鼓励，让我能够在面对苦难时保持专注和自信，勇敢前行！